Dietmar Näser

# Regenerative Landwirtschaft

Dietmar Näser

# Regenerative Landwirtschaft

## Bodenleben und Pflanzenstoffwechsel verstehen

2., erweiterte Auflage

112 Abbildungen
23 Tabellen

# Inhaltsverzeichnis

Meinen Gärtner-Eltern gewidmet

*„Man schafft niemals Veränderung,
indem man das Bestehende bekämpft.
Um etwas zu verändern, baut man neue Modelle,
die das Alte überflüssig machen.“*

R. Buckminster Fuller,
amerikanischer Architekt und Schriftsteller

# Vorwort zur 2. Auflage

Grundlage der Boden belebenden, regenerativen Landwirtschaft ist die Beachtung der Lebensansprüche des Bodens und der darauf wachsenden Pflanzen.

Die Pflanzen, der Boden und die Bodenorganismen haben eine enge wechselseitige Beziehung. Je besser und aktiver der Austausch zwischen Bodenleben und Pflanzen stattfindet, um so vitaler, gesünder und ertragreicher sind Ihre Kulturen. Dieses Zusammenwirken, man könnte auch von einem gemeinsamen Stoffwechsel sprechen, ist die Kraft für die Bodenbelebung, die Humusbildung und die Basis für steigende Erntequalität bei stabilen Erträgen.

Die Boden belebende, regenerative Landwirtschaft beruht auf folgenden Prinzipien:

1) den Boden belebend düngen, auch die Wirtschaftsdünger beleben
2) den Unterboden belebend lockern und mit Wurzeln stabilisieren
3) das Bodenleben füttern mit vielfältiger Gründüngung und Untersaat
4) den Oberboden beleben durch flaches und lockeres Schälen
5) die Kulturen beleben, wenn abiotischer Stress zu Ertragsminderung führt

Das Bodenleben ist am aktivsten im Wurzelraum wachsender Pflanzen, besonders an den Feinwurzeln, wo die Nährstoff- und Wasseraufnahme stattfindet. An den Feinwurzeln siedelt sich das Mikrobiom und die Mikrofauna an, da diese u. a. Stoffe abgeben, die die Mikroben mit ernähren. Mikrobiom und Mikrofauna schließen organische Substanz auf und machen die Abbauprodukte für Pflanzen verfügbar. Bodenleben beginnt also mit wachsenden Pflanzen. Unbewachsene Böden verlieren das Bodenleben. Damit nimmt die Nährstoffverfügbarkeit für Kulturpflanzen ab und für Unkräuter zu. Darüber hinaus finden wichtige bodenbildende Prozesse, die von der biologischen Aktivität abhängig sind (z. B. Krümelbildung, Ausbildung von Feinporen) nicht mehr statt.

Die Eigenschaften belebter Böden sind für den Landwirt und die Landwirtin deutlich bemerkbar, und zwar:

- in der Ertragsbildung und der Qualitätsausprägung,
- bei den Krankheits- und Unkraut unterdrückenden Standorteigenschaften,
- bei der Wassereffizienz und Resilienz gegenüber Klimaveränderungen (z. B. Trockenheit),
- in der Erosionsfestigkeit gegenüber Wasser und Wind,
- in der Abnahme der Nährstoff- und Feinboden-Auswaschung,
- in einer leichten Bearbeitbarkeit des Bodens und einem langsamen Verschwinden der Steine,
- in der Nährstoffeffizienz der Düngung.

Wir haben alle gelernt, dass dies Auswirkungen der vorhandenen Standorteigenschaften, Jahreswitterung, Anwendung von Landtechnik und (gehandelten) Betriebsmitteln sowie der angebauten Sorten aus der Züchtung sind. Das ist nicht falsch, aber diese Wirkungen basieren auch auf der Tätigkeit des Bodenlebens.

Böden, die ihre Leben – Feinwurzeln, Rhizosphären-Mikrobiom, Mikrofauna – verlieren, führen zu

- schwankenden Erträgen mit abnehmender Qualität,
- zunehmender Anfälligkeit gegen Pflanzenkrankheiten und Ausbreitung von Unkräutern,
- drastischen Auswirkungen der Klimaveränderung: immer mehr Trockenheit, aber auch Überfeuchtung bei Niederschlägen sowie unerwartet starke Erosionsschäden,
- ansteigendem Zugkraftbedarf bei gleicher Arbeitsbreite (und mehr Steine!),
- dem Ausbleiben der Wirkung intensiver Düngung.

Wenn Sie mit diesen Problemen zu tun haben, kann die schrittweise Einführung der Boden belebenden, regenerativen Landwirtschaft in Ihre besten Anbaumethoden eine gute Option sein.

Neustadt/Sa., im Herbst 2021 Dietmar Näser

# 1 Wo beginnen?

Die Umstellung eines laufenden Landwirtschaftsbetriebes auf Regenerative Landwirtschaft beginnt mit einer umfassenden Analyse: Welche Bodenverhältnisse (Bodenstruktur, Verdichtungen, Nährstoffgehalte) liegen vor? Welche Pflanzenkrankheiten und Unkräuter treten typischerweise auf? Wie sind die Leistungen des Tierbestandes? Welche Krankheiten kommen bei den Tieren vor? Was haben die Pflanzen- und Ernteuntersuchungen bisher ergeben?

## 1.1 Mit Spaten und Sonde die Bodenqualität beurteilen

Die Gare – der Begriff ist an sich für einen fertig durchfermentierten Brotteig üblich – ist ein Merkmal für einen belebten Boden. So wie im garen Brotteig die Hefen ihre Arbeit verrichtet haben, wenn der Teig gar ist, ist ein garer Boden ein mikrobiell aktiver Boden. Und darum geht es: das mikrobielle Bodenleben einzuschätzen.

Bonitieren (bewerten) Sie im Herbst und im Frühjahr die Bodenstruktur auf Ihren Feldern mit dem Spaten und der Bodensonde. Im Herbst, kurz vor Vegetationsende, sehen Sie die Gare bildende Wirkung Ihrer Maßnahmen nach der Ernte. Erträge werden im Herbst gemacht. Finden Sie zunehmende Gare und abnehmenden Unkrautdruck, ist

**Abb. 1** Die Gareansprache am Spaten. Die Gare entsteht durch Bodenmikroorganismen. Man sieht sie nicht, aber ihre Auswirkungen.

**Abb. 2** Der Garetest mit der Bodensonde. Man spürt beim Einstechen und Herausziehen der Sonde, ob die Bodengare zunimmt oder geschädigt wurde.

Ihnen die Einbindung der Nährstoffe in die Ton-Humus-Komplexe des Bodens gelungen.

Die Huminstoff bildenden Prozesse des Bodenstoffwechsels beginnen im Frühjahr ab Vegetationsbeginn, bei Bodentemperaturen ab ca. 6 °C. Das ist auch die Zeit, in der die meisten Kulturen ausgesät werden. Mit der Bodenbonitur können Sie den Effekt der Bodenbearbeitung und die Qualität der Saat überprüfen.

Beobachten Sie

- die Bedeckung und die Durchlässigkeit der Bodenoberfläche,
- die Farbe, den Geruch und die Bodenkrümelstruktur im A-Horizont (Spatentiefe),
- das Aussehen der Wurzeln (auch die der Unkräuter),
- die Horizontbildungen und Verdichtungsschichten. Die Zu- und Abnahme der Bodenschichten können Sie mit einer Bodensonde erspüren.

Notieren Sie, was Sie feststellen. Wenn Ihre Arbeit erfolgreich war, können Sie schon innerhalb weniger Wochen Veränderungen im Boden sehen. Aber auch Gareschäden werden sichtbar, wenn Sie bei Ihren Arbeitsgängen Kompromisse eingegangen sind. Sie finden im Anhang ein Aufnahmeblatt „Bodengareansprache mit Spaten und Sonde“, das Sie kopieren können.

Der **Bodengeruch** ist ein wichtiger Hinweis auf die biologische Aktivität der Bodenmikroben. Er sollte angenehm erdig-mineralisch mit einem Ton ins Süße sein, ähnlich wie bei Karotten oder Walderde. Geruchloser Boden ist unbelebt oder biologisch inaktiv. Beispielsweise riecht der Boden nach Vegetationsende und vor Vegetationsbeginn nicht: Es ist zu kalt für die mikrobielle Aktivität.

**Tabelle 1:** Bodenbonitur – Bewertung der Gareeigenschaften.

| gut/zunehmend | Gareeigenschaft | schlecht/abnehmend |
|---|---|---|
| – 50 % und mehr bedeckt durch Bewuchs/Erntereste; krümelige, offene Oberfläche<br>– im Versickerungstest verschwindet das Wasser schnell, ca. 10 l auf 0,1 $m^2$ in 2–5 Minuten | Bodenoberfläche | – fehlende Bedeckung/Bewuchs<br>– verschlämmt; Grünalgen, Moosbildung<br>– im Versickerungstest bleibt das Wasser stehen, nach 20 Minuten ist immer noch über die Hälfte des Wassers nicht versickert |
| – runde, gleichmäßige Erdkrümel, ca. 2–5 mm groß<br>– warme, braune Farbe; kann nach unten etwas heller oder grauer werden<br>– angenehm erdiger Geruch | A-Horizont (Spatentiefe) | – ungleichmäßige Erdkrümel, mit Kluten durchsetzt<br>– eckige Krümel oder gar keine Krümel, Verpressungszonen mit plattigem Bruch<br>– graue Farbe<br>– geruchlos oder muffig bis stinkend |
| – weiß, gleichmäßig verzweigt<br>– intensive Verbindung mit dem Boden durch Feinwurzeln, Erde lässt sich schwer auswaschen<br>– bei Getreide und Gräsern > 5 cm Erdanhang<br>– keine Wurzelschäden sichtbar | Wurzeln | – braune Bereiche an den Wurzeln, Wurzelschäden sichtbar<br>– Erde lässt sich leicht abschütteln, wenig Feinwurzeln<br>– kurze, dicke Wurzelspitzen ohne Feinwurzeln<br>– bei Getreide und Gräsern Erdanhang nur an jungen Wurzeln, < 5 cm lang<br>– Unkrautwurzeln sind weiß |
| – auf dem Spaten sieht der Bodenausstich zusammenhängend wie Pudding aus<br>– ein durchgängiges Wurzel-Erde-Netz<br>– mit der Sonde sind keine Verdichtungen bis tiefer als 50 cm spürbar | Horizontbildungen und Verdichtungsschichten | – auf dem Spaten klappt der Boden wie ein Buch auf, jeder Bearbeitungshorizont lässt sich abheben<br>– mehrere oberflächennahe Verdichtungsschichten mit der Sonde spürbar<br>– bei 30–40 cm deutlich spürbare Pflugsohle |

Dumpfe, muffige Gerüche weisen auf Artenarmut in der mikrobiellen Gemeinschaft und demzufolge auch auf Nährstoffverluste hin. Bittere Gerüche, wie unter Klettenlabkraut, Ehrenpreis, Taubnessel und Ackerhohlzahn zeigen insbesondere N-Verluste an.

Der typisch harzige Geruch unter Brennnesseln, Ampferarten und an den Wurzeln der Ackerkratzdistel (*Cirsium arvense*) deutet auf stark abbauende Tätigkeit der Bodenmikroben hin, die die Verfügbarkeit von wichtigen Mikronährstoffen (wie z. B. Fe, Mn, Zn) blockieren.

Gestank (Fäulnis- oder „Aas“-Geruch) zeigt massiv geschädigtes Bodenleben an; dies findet man insbesondere unter Fahrspuren. Haben Sie bei der Bodenbearbeitung oder an Rädern schwerer Maschinen

**Abb. 3** Der Versickerungstest. Ein Ring mit 40 cm Durchmesser entspricht ca. 0,1 $m^2$ Bodenoberfläche, 10 l Wasser entsprechen also 100 mm Niederschlag.

Pflanzenfermente (siehe Kapitel 2 und 5) gespritzt, riecht es trotz sichtbarer Verdichtung nach Gurkensalat oder alter Regentonne und nicht nach Aas.

Die **Wurzeln** sollten sich unter bestockten Pflanzen (z. B. Getreide, Kartoffeln) glockenförmig ausbreiten und die Seitenwurzeln an den Sprosspflanzen (z. B. Zuckerrüben, Raps, viele Gemüsearten) einen nach unten gerichteten Kegel bilden. Abgeknickte Wurzeln weisen auf (manchmal schon aufgelöste) Verdichtungshorizonte hin, die häufig bei der Bestellung entstanden sind. Einzelne, verdickte Seitenwurzeln, die wenig verzweigt sind, zeigen sich bei Pflanzen, die im humusarmen und verdichteten Boden wachsen müssen. Hier sind die Wachstumspausen zwischen den Kulturen oft zu lang und die Bestelltechnik zu schwer.

Die Horizontbildungen und der Zustand der Verdichtungsschichten sind wichtige Hinweise auf die mikrobielle Aktivität und die Verfügbarkeit von Nährstoffen. Horizontbildungen durch bestimmte Bodenbearbeitungsgeräte und der Raddruck schwerer Technik verschlechtern das Milieu für die Bodenmikroben deutlich. Das Wasser versickert ungleichmäßig, was zu zeitweiser Unterflur-Stauung und Luftmangel führt. Der Wasseraufstieg bei Trockenheit ist ebenso behindert. Das Milieu für das Bodenleben wird dadurch verschlechtert und seine Leistungen fallen aus, bevor es in der Kultur zu sehen ist. Beispielsweise geht die Nährstoffaufnahme (zuerst von Kalzium, Bor und Silizium) zurück, was die Krankheitsanfälligkeit ansteigen lässt.

**Abb. 4** Kegelförmige Rapswurzel in garem Boden und Rapswurzel in verdichtetem Boden.

**Abb. 5** Ungarer Boden klappt wie ein Buch auseinander. Die einzelnen Bodenschichten verlieren ihre Verbindung untereinander.

Häufig kann man mit der Bodensonde über dem Verdichtungshorizont der Pflugsohle (in ca. 30 cm Tiefe) einen weiteren Verdichtungshorizont in 5–15 cm Tiefe feststellen (dazwischen ist ein „Loch"). Das ist ein „Drillmaschinenhorizont", der den Raum, den die Pflanzen durchwurzeln können, zusätzlich zur Pflugsohle, begrenzt.

Entscheidend ist der Gegendruck in Ihrer Hand, den Sie spüren, wenn Sie die Sonde einstechen und wieder herausziehen. Es ist das gleiche Prinzip wie beim Backen: Hier prüfen Sie mit der Stricknadel

**Abb. 6** Garer Boden klappt nicht auseinander, die Bodenschichten werden „eingebunden".

oder einem Holzspieß, ob der Kuchen fertig ist oder nicht. Werden die beiden Verdichtungshorizonte/Schichten der Bodenbearbeitung deutlicher spürbar, ist der Gareeffekt nicht eingetreten. Ist Ihr Boden garer geworden, werden diese Schichten hingegen weicher. Auch schmiert es weniger, wenn Sie die Sonde herausziehen. Dieser Effekt ist bereits wenige Wochen nach einer Schälung (siehe Kapitel 4) oder Unterkrumenlockerung (siehe Kapitel 2) zu bemerken.

**Kurzfassung für Ihre tägliche Praxis**

- Das Bodenleben ist überwiegend mikrobiell und dessen Aktivität ist für die Nährstoffaufnahme und Gesundheit Ihrer Kulturen von entscheidender Bedeutung. Sie erkennen die mikrobielle Tätigkeit und eventuelle Fehler bei der Umstellung auf Regenerative Landwirtschaft am Zustand der Bodengare.
- Kontrollieren Sie die Bodengare zu Vegetationsende und nach Vegetationsbeginn und dokumentieren Sie Bodenfarbe, Krümelform, Bodengeruch, Verdichtungen, Wurzelverlauf und Wurzelgesundheit.
- Sie können auch nach der Bestellung, Vitalisierung (siehe Kapitel 6), Pflege und nach der Ernte die Gareentwicklung beobachten. Nutzen Sie den Versickerungstest, um die Auswirkung Ihrer Bearbeitungsmaßnahmen auf die Wassergängigkeit des Bodens zu kontrollieren.

## 1.2 Die Bodenuntersuchung

Die Bodenuntersuchung soll Aufschluss geben über die Verfügbarkeit der Nährstoffe für Ihre Pflanzen. Pflanzen benötigen mindestens 16 Nährstoffe, Sie sollten daher eine Bodenuntersuchungsmethode auswählen, die mehr als 3–5 Nährstoffe abbildet. Da die Nährstoffverfügbarkeit aus dem Boden deutlich stärker von den Nährstoffverhältnissen beeinflusst wird als von den Nährstoffgehalten, sollten Sie weiterhin eine Methode nutzen, die die Nährstoffverhältnisse mit einbezieht. Nicht zuletzt ist für die Bemessung der Düngermenge das Nährstoffhaltevermögen des Bodens für positiv geladene Ionen wie z. B. Kalzium ($Ca^{2+}$), Magnesium ($Mg^{2+}$), Kalium ($K^{+}$) oder Wasserstoff-Ionen ($H^{+}$), die Kationenaustauschkapazität, wichtig. Eine Untersuchungsmethode, die alle diese Parameter abbilden kann, ist die Bodenuntersuchung nach Prof. William Albrecht.

**Abb. 7** William A. Albrecht.

William A. Albrecht (1888–1974) war Professor für Bodenbiologie und Leiter des Instituts für Bodenkunde an der Universität Missouri, USA.
Er erforschte den Zusammenhang zwischen Bodenfruchtbarkeit und Pflanzengesundheit sowie der biologischen Wertigkeit der Lebensmittel. Außerdem war er einer der Ersten, der seine Forschungsergebnisse mit der Pflanzenzucht, Tierheilkunde, Medizin und Ernährungswissenschaft verknüpft hat.
Seine Arbeiten zu den Nährstoffverhältnissen basieren auch auf Erkenntnissen aus der deutschen Agrarforschung: dem Kalzium-Magnesium-Faktor von Oskar Loew (1909) und dem Kalk-Kali-Gesetz nach Paul Ehrenberg (1919).

Bei der Entwicklung der Böden spielt die Art der Bewirtschaftung eine größere Rolle als das vorhandene Ausgangsgestein. Die Bodenuntersuchung spiegelt beides wider: den Erfolg der Bewirtschaftung und die mineralischen Bodeneigenschaften. Zunehmende Bodenunterschiede innerhalb der Felder lassen also auch auf ungenügende Bodenbelebung schließen, nicht allein auf geologische Unterschiede.

Die Bodenuntersuchung zeigt die mineralischen und biologischen Parameter des Bodens auf. Die Bodenuntersuchungsergebnisse lassen sich besser bewerten, wenn Sie die Pflanzenanalyse (siehe Kapitel 7.4), die Gareansprache mit Sonde und Spaten sowie die Beobachtung der Kulturen mit heranziehen.

## Die Beprobung

Im Ackerbau reicht es meistens, wenn Sie Referenzflächen regelmäßig beproben. Diese sollten die Fruchtfolgeglieder, die Standorte und das Düngeregime, vor allem der organischen Düngung, repräsentieren. Den Zeitpunkt der Probenahme sollten Sie beibehalten, denn die gefundenen Werte schwanken zwischen Sommer- und Winterhalbjahr. Zur Schwefeldüngung sollte ein halbes Jahr Abstand eingehalten werden, zu anderen Düngemaßnahmen reicht ein Monat.

**Abb. 8** Ein Ergebnisreport zur Bodenuntersuchung nach Methode William Albrecht.

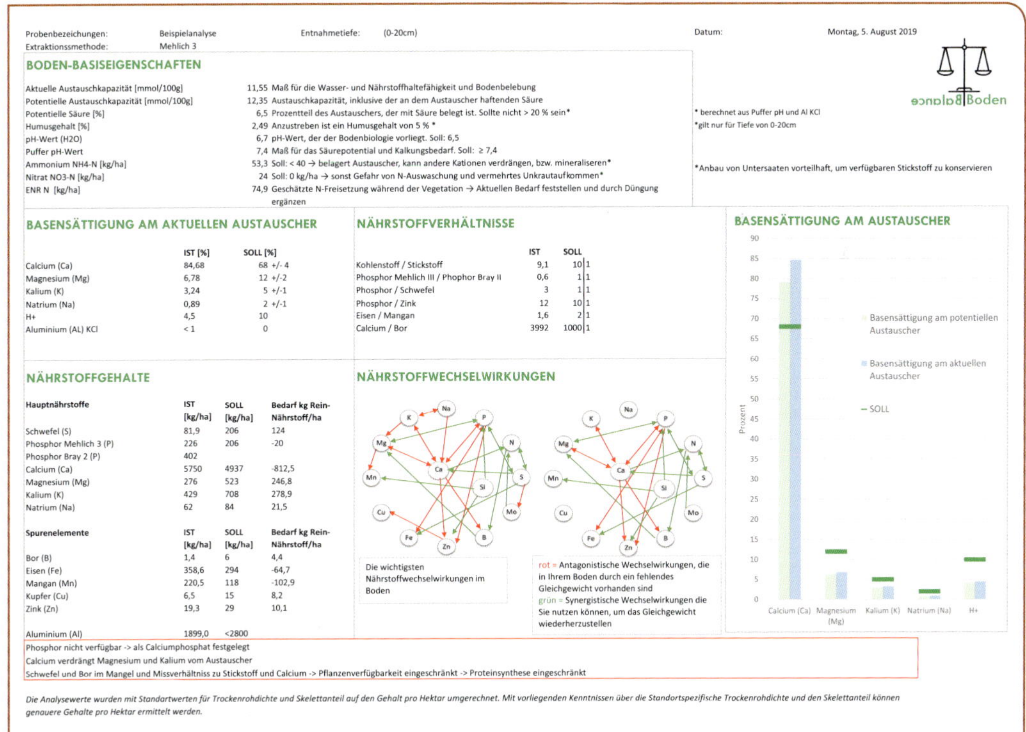

Probenbezeichungen: Beispielanalyse Entnahmetiefe: (0-20cm) Datum: Montag, 5. August 2019
Extraktionssmethode: Mehlich 3

BalanceBoden

BODEN-BASISEIGENSCHAFTEN

| | | |
|---|---|---|
| Aktuelle Austauschkapazität [mmol/100g] | 11,55 | Maß für die Wasser- und Nährstoffhaltefähigkeit und Bodenbelebung |
| Potentielle Austauschkapazität [mmol/100g] | 12,35 | Austauschkapazität, inklusive der an dem Austauscher haftenden Säure |
| Potentielle Säure [%] | 6,5 | Prozentteil des Austauschers, der mit Säure belegt ist. Sollte nicht > 20 % sein* |
| Humusgehalt [%] | 2,49 | Anzustreben ist ein Humusgehalt von 5 % * |
| pH-Wert (H2O) | 6,7 | pH-Wert, der der Bodenbiologie vorliegt. Soll: 6,5 |
| Puffer pH-Wert | 7,4 | Maß für das Säurepotential und Kalkungsbedarf. Soll: ≥ 7,4 |
| Ammonium NH4-N [kg/ha] | 53,3 | Soll: < 40 → belagert Austauscher, kann andere Kationen verdrängen, bzw. mineraliseren* |
| Nitrat NO3-N [kg/ha] | 24 | Soll: 0 kg/ha → sonst Gefahr von N-Auswaschung und vermehrtes Unkrautaufkommen* |
| ENR N [kg/ha] | 74,9 | Geschätzte N-Freisetzung während der Vegetation → Aktuellen Bedarf feststellen und durch Düngung ergänzen |

* berechnet aus Puffer pH und Al KCl
*gilt nur für Tiefe von 0-20cm

*Anbau von Untersaaten vorteilhaft, um verfügbaren Stickstoff zu konservieren

BASENSÄTTIGUNG AM AKTUELLEN AUSTAUSCHER

| | IST [%] | SOLL [%] |
|---|---|---|
| Calcium (Ca) | 84,68 | 68 +/- 4 |
| Magnesium (Mg) | 6,78 | 12 +/-2 |
| Kalium (K) | 3,24 | 5 +/-1 |
| Natrium (Na) | 0,89 | 2 +/-1 |
| H+ | 4,5 | 10 |
| Aluminium (AL) KCl | < 1 | 0 |

NÄHRSTOFFVERHÄLTNISSE

| | IST | SOLL | |
|---|---|---|---|
| Kohlenstoff / Stickstoff | 9,1 | 10 | 1 |
| Phosphor Mehlich III / Phophor Bray II | 0,6 | 1 | 1 |
| Phosphor / Schwefel | 3 | 1 | 1 |
| Phosphor / Zink | 12 | 10 | 1 |
| Eisen / Mangan | 1,6 | 2 | 1 |
| Calcium / Bor | 3992 | 1000 | 1 |

NÄHRSTOFFGEHALTE

| Hauptnährstoffe | IST [kg/ha] | SOLL [kg/ha] | Bedarf kg Rein-Nährstoff/ha |
|---|---|---|---|
| Schwefel (S) | 81,9 | 206 | 124 |
| Phosphor Mehlich 3 (P) | 226 | 206 | -20 |
| Phosphor Bray 2 (P) | 402 | | |
| Calcium (Ca) | 5750 | 4937 | -812,5 |
| Magnesium (Mg) | 276 | 523 | 246,8 |
| Kalium (K) | 429 | 708 | 278,9 |
| Natrium (Na) | 62 | 84 | 21,5 |

| Spurenelemente | IST [kg/ha] | SOLL [kg/ha] | Bedarf kg Rein-Nährstoff/ha |
|---|---|---|---|
| Bor (B) | 1,4 | 6 | 4,4 |
| Eisen (Fe) | 358,6 | 294 | -64,7 |
| Mangan (Mn) | 220,5 | 118 | -102,9 |
| Kupfer (Cu) | 6,5 | 15 | 8,2 |
| Zink (Zn) | 19,3 | 29 | 10,1 |
| | | | |
| Aluminium (Al) | 1899,0 | <2800 | |

NÄHRSTOFFWECHSELWIRKUNGEN

Die wichtigsten Nährstoffwechselwirkungen im Boden

rot = Antagonistische Wechselwirkungen, die in Ihrem Boden durch ein fehlendes Gleichgewicht vorhanden sind
grün = Synergistische Wechselwirkungen die Sie nutzen können, um das Gleichgewicht wiederherzustellen



Phosphor nicht verfügbar -> als Calciumphosphat festgelegt
Calcium verdrängt Magnesium und Kalium vom Austauscher
Schwefel und Bor im Mangel und Missverhältniss zu Stickstoff und Calcium -> Pflanzenverfügbarkeit eingeschränkt -> Proteinsynthese eingeschränkt

*Die Analysewerte wurden mit Standartwerten für Trockenrohdichte und Skelettanteil auf den Gehalt pro Hektar umgerechnet. Mit vorliegenden Kenntnissen über die Standortspezifische Trockenrohdichte und den Skelettanteil können genauere Gehalte pro Hektar ermittelt werden.*

| Probenbezeichnungen: | Beispielanalyse | Entnahmetiefe: | (0-20cm) |
|---|---|---|---|
| Extraktionssmethode: | Mehlich 3 | | |

**BODEN-BASISEIGENSCHAFTEN**

| | | |
|---|---|---|
| Aktuelle Austauschkapazität [mmol/100g] | 11,55 | Maß für die Wasser- und Nährstoffhaltefähigkeit und Bodenbelebung |
| Potentielle Austauschkapazität [mmol/100g] | 12,35 | Austauschkapazität, inklusive der an dem Austauscher haftenden Säure |
| Potentielle Säure [%] | 6,5 | Prozentteil des Austauschers, der mit Säure belegt ist. Sollte nicht > 20 % sein* |
| Humusgehalt [%] | 2,49 | Anzustreben ist ein Humusgehalt von 5 % * |
| pH-Wert (H2O) | 6,7 | pH-Wert, der der Bodenbiologie vorliegt. Soll: 6,5 |
| Puffer pH-Wert | 7,4 | Maß für das Säurepotential und Kalkungsbedarf. Soll: ≥ 7,4 |
| Ammonium NH4-N [kg/ha] | 53,3 | Soll: < 40 → belagert Austauscher, kann andere Kationen verdrängen, bzw. mineraliseren* |
| Nitrat NO3-N [kg/ha] | 24 | Soll: 0 kg/ha → sonst Gefahr von N-Auswaschung und vermehrtes Unkrautaufkommen* |
| ENR N [kg/ha] | 74,9 | Geschätzte N-Freisetzung während der Vegetation → Aktuellen Bedarf feststellen und durch Düngung ergänzen |

**BASENSÄTTIGUNG AM AKTUELLEN AUSTAUSCHER**

| | IST [%] | SOLL [%] |
|---|---|---|
| Calcium (Ca) | 84,68 | 68 +/- 4 |
| Magnesium (Mg) | 6,78 | 12 +/-2 |
| Kalium (K) | 3,24 | 5 +/-1 |
| Natrium (Na) | 0,89 | 2 +/-1 |
| H+ | 4,5 | 10 |
| Aluminium (AL) KCl | < 1 | 0 |

**NÄHRSTOFFVERHÄLTNISSE**

| | IST | SOLL | |
|---|---|---|---|
| Kohlenstoff / Stickstoff | 9,1 | 10 | 1 |
| Phosphor Mehlich III / Phophor Bray II | 0,6 | 1 | 1 |
| Phosphor / Schwefel | 3 | 1 | 1 |
| Phosphor / Zink | 12 | 10 | 1 |
| Eisen / Mangan | 1,6 | 2 | 1 |
| Calcium / Bor | 3992 | 1000 | 1 |

**Abb. 9** Beispiel von Boden-Basiseigenschaften nach Methode William Albrecht.

Aus den Ergebnissen der Bodenuntersuchung erstellt man eine Düngeplanung, die die Fruchtfolge, die organische Düngung und die verfügbaren Feldarbeitszeiträume berücksichtigt. Die Ergebnisse der Bodenuntersuchung sind dazu eine gute Grundlage.

Wie liest man die Albrecht-Bodenuntersuchung und Düngungsempfehlung? Dazu wird ein Beispiel eines Ergebnisreports von Boden Balance, Kohls GbR, D-34630 Gilserberg näher erörtert.

Zuerst liest man die Basis-Bodeneigenschaften und die Basensättigung des aktuellen Kationen-Austauschkomplexes. Dann wirft man einen Blick auf die wichtigsten Nährstoffverhältnisse.

Sie können aus den Basis-Bodeneigenschaften Rückschlüsse auf die Bodenstruktur, die Nährstoffverfügbarkeit, Bearbeitbarkeit, das Nährstoffhaltevermögen und das Auftreten von Unkräutern ziehen.

Da die Nährstoffverfügbarkeit ein biochemischer Prozess ist, geben diese Rückschlüsse auch einen Überblick über die biologischen Leistungen des Bodenlebens.

## Die Beurteilung der Werte in diesem Beispiel

- Die aktuelle Austauschkapazität liegt bei ca. 93 % der potenziellen Austauschkapazität. Die Nährstoffe bindenden mikrobiellen Prozesse sind vorhanden, aber nicht stabil. Lösung: Die mikrobielle Aktivität (siehe Kapitel 6: Vitalisierung) und Vielfalt (siehe Kapitel 3: Gründüngung) steigern, die Nährstoffaufnahme der Kultur überprüfen und bei Bedarf nachdüngen.
- Der Wasser-pH-Wert ist leicht erhöht. Die Nährstoffverfügbarkeit ist begrenzt. Der Puffer-pH ist stabil, die Nährstoffbindung ist gut. Lösung: ebenfalls Vitalisierung und Gründüngung.

**Tabelle 2:** Was kann aus Basis-Bodeneigenschaften gelesen werden?

| Parameter | Was zeigt der Parameter an: | guter Wert | schlechter Wert |
|---|---|---|---|
| Potenzielle und Aktuelle Austauschkapazität | Die mikrobielle Besiedelung der Tonmineralien | Nahe beieinander, ca. 80–100 %. Die mikrobielle Vielfalt ist für eine normale Nährstoffnachlieferung ausreichend | Aktuelle Austauschkapazität < 80 % von der Potenziellen A. Je größer der Abstand, umso schlechter hält der Boden Nährstoffe gebunden. Die Düngeeffizienz nimmt ab, Aluminiumtoxizität kann auftreten |
| pH-Wert ($H_2O$) und Puffer-pH-Wert | Der Wasser-pH-Wert zeigt eine normale Nährstoffverfügbarkeit. Der Puffer-pH-Wert zeigt an, ob und wie gut der Ton-Humus-Komplex Nährstoffe halten kann. | Wasser-pH-Wert: 6,5<br>Puffer pH-Wert: 7,4. Er sinkt in einem balancierten und belebten Boden nicht ab. | Wasser-pH-Wert: deutlich von 6,5 abweichend, sowohl darüber als auch niedriger.<br>Puffer-pH-Wert: absinkend |
| Humusgehalt | Menge an organisch gebundenem Kohlenstoff (Bodenorganismen, Nährhumus, Dauerhumus) | > 5 %, wenn die Austauschkapazitäten und pH-Werte ebenfalls im guten Bereich liegen | < 3 % verliert der Boden die Nährstoffbindung. Deshalb keimt u. a. viel Unkraut und Pflanzenkrankheiten nehmen zu |
| Basensättigung Kalzium (Ca) und Magnesium (Mg) | Sättigungsgrad und Verhältnis der beiden „größten“ basischen Nährstoffe. Rückschluss auf Bodenporenbildung und N-Effizienz möglich | Ca-Basensättigung 65–70 % (Sandböden weniger), Mg-Basensättigung überwiegend 12 % (auf Sandböden höher),<br>Bei Summe Ca+Mg = 80 % ist die Verfügbarkeit aller Nährstoffe, auch Ca+Mg, am höchsten | Ca- und Mg-Basensättigung außerhalb dieser Bereiche, vor allem wenn die Summe ebenfalls außerhalb 80 % liegt. Dann bilden Böden zu wenig Mittelporen; diese sind wichtiges Habitat von Feinwurzeln und Bodenorganismen. Die N-Effizienz nimmt ab |
| Basensättigung Kalium (K) | Austauschbares Kalium; ein überhöhter Wert fördert Unkraut | 3–5 % K-Basensättigung bei 80 % Summe Ca+Mg-Basensättigung | Darüber und darunter liegende K-Basensättigung zeigen Humusmangel oder Düngefehler an |
| Kalium- + Natrium-Basensättigung | Beide Basen-Nährstoffe wirken stärker auf den pH-Wert als Kalzium (Ca) | Summe der K-Na-Basensättigung 6– max. 8 % | > 8 % K-+Na-Basensättigung verursacht hohe Wasser-pH-Werte und verdrängt dadurch Mikronährstoffe, verstärkt die Erosionsneigung, verschlechtert die Winterfestigkeit; Kümmerkornbildung |
| Wasserstoff ($H^+$)-Basensättigung | Zeigt die normale Grundazidität des Bodens an und ist ein Abbild der mikrobiellen Bodenatmung | 10–15 % $H^+$-Basensättigung ist für eine hohe Nährstoffverfügbarkeit notwendig | Darunter liegende $H^+$-Basensättigung zeigt eine schlechte Nährstoffverfügbarkeit an. Darüber liegender Wert kann Mangel an Ca und Mg anzeigen |

- Der Humusgehalt liegt bei 2,5 %. Die Humus-Neubildung ist gering, aber in diesem Beispiel möglich. Lösung: flach bearbeiten, tiefer lockern, Bodenschichtungen nicht mischen, Pflanzenfermente bei der Bodenbearbeitung einsetzen. Dauernd und vielfältig begrünt anbauen. Kulturen vitalisieren.
- Die Basensättigung Ca und Mg beträgt hier ca. 91 %, weil die H+-Basensättigung gering ist. Lösung: Humus bildend bewirtschaften, d. h. die Bodenorganismen organisch füttern, aber auch über die Flächenrotte (siehe Kapitel 4) für Verstoffwechselung im Boden sorgen; Magnesiumdüngung (zeitnah zur Kaliumdüngung). Ist der Karbonattest mit Salzsäure (siehe Kasten) negativ, dann sollte nach der Saat eine Kopfkalkung erfolgen (siehe Kapitel 1.3). Erhöhte Schwefeldüngung.
- Die Kalium-Basensättigung liegt < 3 %. Die K-Nachlieferung während des Hauptwachstums kann eventuell nicht ausreichend sein. Eine Kaliumdüngung während des Hauptwachstums kann erforderlich sein.
- Natrium-Basensättigung unter dem Sollbereich. Natrophile Kulturen (Gerste, Raps, Kohlarten) brauchen eine NaCl-Düngung.
- Die Wasserstoff-Basensättigung liegt unter dem Sollwertbereich und zeigt wenig Bodenatmung und damit eine begrenzte Nährstoffverfügbarkeit an.
- Der Aluminiumwert der Basensättigung von < 1 % ist unkritisch.

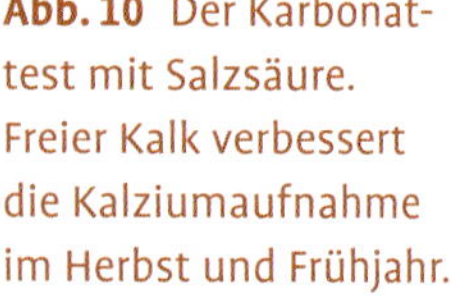

**Abb. 10** Der Karbonattest mit Salzsäure. Freier Kalk verbessert die Kalziumaufnahme im Herbst und Frühjahr.

### Der Karbonattest mit 10–16 %iger Salzsäure

Der Boden wird bei der Gareansprache (siehe Kapitel 1.1) mit dem Spaten in mehreren Bodenschichten mit verdünnter Salzsäure betropft. Zeigt sich ein Aufsprudeln oder hört man ein leises Knistern, enthält der Boden noch freies Kalziumkarbonat ($CaCO_3$).
Passiert nichts, enthält der Boden Kalzium nur in Silikatbindung (z. B. als Kalziumsilikat $CaSiO_3$). Dieses ist im Herbst und Frühjahr für die Pflanzen schwerer verfügbar, deshalb sollte eine geringe Kalkgabe (ca. 100 kg Ca/ha) als Kopfkalkung (siehe Kapitel 1.3) gegeben werden. Dies trifft auch bei einer Kalzium-Basensättigung von > 70 % zu.

**Abb. 11** Ein Beispiel für Minerale, die viel Silikat enthalten.

### Nährstoffgehalte

| Hauptnährstoffe | IST [kg/ha] | SOLL [kg/ha] | Bedarf kg Rein-Nährstoff/ha |
|---|---|---|---|
| Schwefel (S) | 81,9 | 206 | 124 |
| Phosphor Mehlich 3 (P) | 226 | 206 | –20 |
| Phosphor Bray 2 (P) | 402 | | |
| Calcium (Ca) | 5750 | 4937 | –812,5 |
| Magnesium (Mg) | 276 | 523 | 246,8 |
| Kalium (K) | 429 | 708 | 278,9 |
| Natrium (Na) | 62 | 84 | 21,5 |

**Abb. 12** Beispiel für die Nährstoffgehalte der Hauptnährstoffe.

**Beurteilung der Hauptnährstoffe – in diesem Beispiel:**

- Schwefel: in diesem Beispiel besteht ein Schwefel-Düngebedarf. Wegen der antioxidativen Eigenschaft sollte Elementarschwefel bevorzugt werden.
- Phosphor: Die Analytik erfolgt hier mit zwei Methoden, weil die Pflanzenverfügbarkeit stark schwanken kann. Hier besteht ein leichter P-Düngebedarf. P-Düngung über diesen Wert kann zu Zn-Verdrängung und schlechterer Wassereffizienz in der Kultur durch reduzierte Feinwurzelbildung führen. Das kann eine Ursache ertragsmindernder, früher Abreife sein. Ein zu hoher P-Gehalt im Boden fördert außerdem Nacktschnecken.
- Kalzium: Hier zeigt das Minus-Zeichen einen Ca-Überschuss an. – Ein Bedarf an Ca (Reinnährstoff, nicht Oxid!) gibt die maximale Höhe der Kalkung an. Überschlägig kann man den Ca-Gehalt des verfügbaren Düngekalkes mit dem Prozentwert der Reaktivität multiplizieren und : 100 dividieren, um die max. Streumenge/ha zu ermitteln.
- Magnesium: die zu geringe Basensättigung erfordert in diesem Beispiel erhöhte Mg-Düngung. Es sollte die Gabe auf Herbst und Frühjahr ver-/geteilt und auf 300 kg/ha pro Einzelgabe begrenzt werden. Eine zeitnahe Mg-Düngung zur K-Düngung fördert die Wirkung!
- Kalium: der hohe Nährstoffbedarf, weit über den Entzügen der Kulturen, ist für den Ausgleich der Basensättigung errechnet. Die Kalidüngung erfordert auch die Gabenteilung, die letzte Gabe sollte im Hauptwachstum gedüngt werden.
- Natrium: für natrophile Kulturen kann eine Meersalzdüngung erforderlich sein.

**Beurteilung der Untersuchungsergebnisse für Spurenelemente – in diesem Beispiel:**

- Bor ist zusammen mit Kalzium und Silizium der erste Nährstoff, den Pflanzen zur Aufnahme aller anderen Nährstoffe brauchen. In diesem Beispiel zeigt sich erheblicher, bei Trockenheit ertragsbegrenzender, Bormangel!
- Eine erhöhte Eisenfreisetzung weist auf das Fehlen von Bodenpilzen und dominierender bakterieller Mikroflora hin. Das fördert den Abbau organischer Bodensubstanz, damit C- und N-Verluste und eine begrenzte Ausnutzung gedüngter Nährstoffe, auch aus organischen Düngern. Lösung: Mit antioxidativen Düngern und Pflanzenfermenten (siehe Kapitel 5) arbeiten.
- Mangan: die in diesem Beispiel erhöhte Manganfreisetzung weist auf Verdichtungen hin! Lösung: wie bei erhöhtem Eisengehalt.
- Das Eisen-Mangan-Verhältnis sollte bei ca. 1:1 bis 2:1 liegen, in diesem Beispiel 1,6:1. – Außerhalb liegende Werte weisen auf eine geringe Vielfalt an Bodenmikroben hin. Diese wird häufig verursacht durch Verdichtungen, aber auch nicht fermentierte organische Dün-

ger (stinkende Gülle; diese enthält Mikroben, die organische Stoffe abbauen. Sie arbeiten im Boden weiter und sorgen so für eine hohe Eisenfreisetzung). Auch lange Vegetationspausen zwischen den Kulturen (z. B. im Mais-Daueranbau) können zu einer Verarmung der mikrobiellen Vielfalt führen.

- Kupfer und Zink: reduzierte Verfügbarkeit wie hier kann die Folge zu geringer mikrobieller Vielfalt sein. Lösung: Düngung, bevorzugt in Sulfatform, gemischt mit organischen Düngern und Bodenbelebung.

| Spurenelemente | IST [kg/ha] | SOLL [kg/ha] | Bedarf kg Rein-Nährstoff/ha |
|---|---|---|---|
| Bor (B) | 1,4 | 6 | 4,4 |
| Eisen (Fe) | 358,6 | 294 | −64,7 |
| Mangan (Mn) | 220,5 | 118 | −102,9 |
| Kupfer (Cu) | 6,5 | 15 | 8,2 |
| Zink (Kn) | 19,3 | 29 | 10,1 |

**Abb. 13** Beispiel für die Nährstoffgehalte an Spurennährstoffen.

**Beispiel für die Wechselwirkungen der Nährstoffe untereinander.**

Die wichtigsten Nährstoffwechselwirkungen im Boden.

rot = Antagonistische Wechselwirkungen, die in Ihrem Boden durch ein fehlendes Gleichgewicht vorhanden sind.
grün = Synergistische Wechselwirkungen, die Sie nutzen können, um das Gleichgewicht wiederherzustellen.

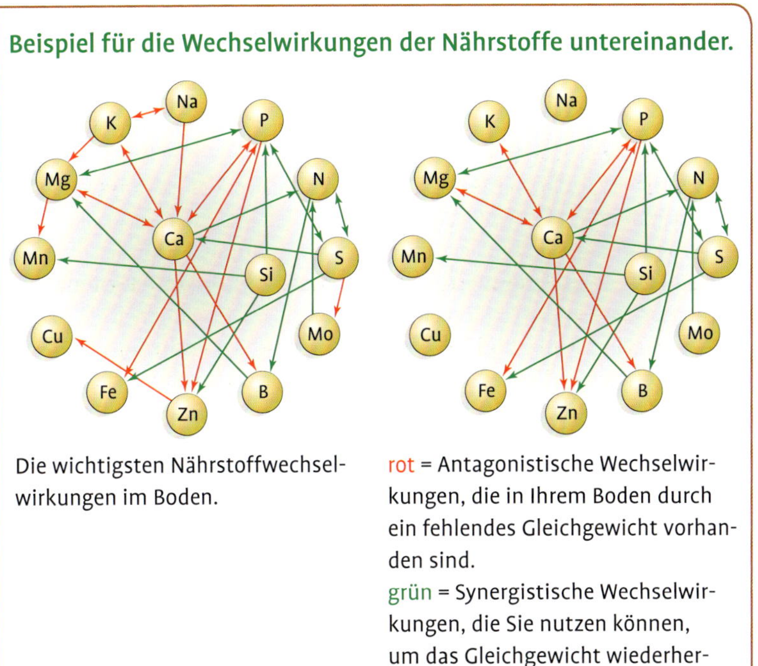

**Abb. 14** Beispiel für die Wechselwirkungen der Nährstoffe untereinander.

Links in der Abbildung 14 sind die Nährstoffwechselwirkungen dargestellt, wenn die jeweiligen Nährstoffe aus ihren Gleichgewichten geraten. Man sieht, dass jeder Überschuss eines Nährstoffes den Mangel an anderen Nährstoffen auslösen kann.

Rechts sind diese Beziehungen an den Werten der untersuchten Bodenprobe dargestellt. Gedüngte Nährstoffe aus roten Wechselbeziehungen können Nährstoffmängel auslösen. Gaben von Nährstoffen mit den meisten roten Pfeilen sollten geteilt oder reduziert werden. Düngung von Nährstoffen aus grünen Wechselbeziehungen können die Verdrängungseffekte begrenzen. Es sollten also die Nährstoffe mit den meisten grünen Pfeilen immer mitgedüngt werden.

**Kurzfassung für die tägliche Praxis**

- Die Bodenuntersuchung gibt einen Überblick über die Nährstoffverfügbarkeit. Da das Nährstoff-Aufschlussvermögen der Kultur und ihrem Bodenleben nicht berücksichtigt wird, ist sie nur einer von mehreren Anhaltspunkten für die Düngeplanung.
- Vermeiden Sie Überdüngung, das erzeugt Nährstoffverdrängung und -mangel.
- Berücksichtigen Sie die Parameter für die mikrobielle Bodenaktivität (beide Austauschkapazitäten, beide pH-Werte, Verhältnisse in der Basensättigung, P/K-Gehalte und Eisenverfügbarkeit) zur Korrektur des Milieus und Habitats für Bodenorganismen und Pflanzenwurzeln.

## Die Nährstoffverhältnisse am Kationenaustauschkomplex und ihre Wirkungen

Für Sandlehme und Lehmböden liegt das Gleichgewicht der Basensättigung am Kationenaustauscher (dem Ton-Humus-Komplex) bei 68 % Kalzium-Absättigung, 12 % Magnesium-Absättigung (Summe Ca + Mg: 80 %) und 5 % Kaliumabsättigung. Die restlichen 15 % sind die Grundazidität des Bodens durch mikrobielle Bodenatmung. Diese stellt den aktuellen pH-Wert (Aquadest-pH) auf 6,4 ein und sichert somit die höchste Nährstofffreisetzung.

Sind Ihre Böden übersättigt mit Kalzium, Magnesium, Kalium (oder Natrium), liegen also die Werte der Bodenuntersuchung über dem oben genannten Gleichgewicht, verliert der Boden seine Durchlässigkeit. Das Verhältnis der Makro-, Meso- und Mikroporen verschiebt sich hin zu den Mikroporen. Diese enthalten Haftwasser, das die Pflanzen nicht nutzen können. Mikroporen sind für die meisten Bodenorganismen zu klein, um sie zu besiedeln. Deswegen verlieren diese Böden ihre lebensaufbauende Struktur, werden zu schnell trocken (Kalziumübersättigung), viel zu fest (Magnesiumübersättigung) oder seifig-schmierig (Kaliumübersättigung). Der pH-Wert steigt. Dabei beeinflusst die Kalziumkonzentration den pH-Wert sehr viel weniger als man annehmen würde. Die Magnesiumkonzentration beeinflusst ihn 1,6-mal, die Kaliumkonzentration 2-mal und die Natriumkonzentration

**Abb. 15** Unkrautauftreten in einem Biogasbetrieb. Hier verdrängt die hohe K-Basensättigung das Kalzium. Deswegen wächst hier Storchschnabel so stark, dass Maisherbizide nicht mehr ausreichend wirken.

4-mal mehr als die Konzentration an Kalzium. Mit der Messung des pH-Wertes allein können Sie deshalb ertragsbegrenzenden Kalkmangel übersehen; typisch ist das z. B. auf stark organisch gedüngten Böden.

Eine normale Magnesiumabsättigung des Bodens hat nach dem Stickstoffgehalt den höchsten Einfluss auf einen guten Ertrag. Böden, die im Gleichgewicht mit Magnesium und Kalzium abgesättigt sind, vertragen organische oder NPK-Düngung (nach Entzug) schlecht, weil sie eine hohe Nährstoffeffizienz haben. Das bedeutet: Mit wenig Düngung stellt sich ein hoher Ertrag ein. Wird hier mit normalen oder hohen Düngungsmengen entsprechend dem Nährstoffentzug gearbeitet, tritt starkes Unkrautwachstum auf und der Ertrag fällt niedriger aus.

Ein Hinweis auf eine normale Magnesiumabsättigung ist die Farbe von Getreidestroh: Auf normal mit Magnesium abgesättigten Böden hat es eine „strohgelbe“ Farbe; ist es hell bis grau (wie so oft), haben Ihre Kulturen zu wenig Magnesium aufgenommen.

Eine hohe Kaliumabsättigung verschlechtert die Aufnahme von Mikronährstoffen, damit ist die Eiweißbildung im Stoffwechsel der Bodenorganismen und der Pflanzen behindert, Enzyme und sekundäre Inhaltsstoffe fehlen, die Kultur wird krank. Unkräuter breiten sich verstärkt aus, Pflanzenkrankheiten lassen sich schlecht oder gar nicht behandeln. Gelingt es, die Ursache der Kaliumübersättigung zu reduzieren, verändert sich das Unkrautauftreten und Krankheitsgeschehen deutlich zum Positiven. Betriebe auf leichten Böden mit geringer Austauschkapazität sind oft davon betroffen, z. B. Biogaserzeuger, aber auch Biobetriebe mit intensiver organischer Düngung.

### Der Unterschied zwischen Basensättigung und dem Gehalt an basischen Nährstoffen

Böden mit abnehmendem Humusgehalt (etwa 5 % aktiver Humus sind die untere Grenze) verlieren die Gleichgewichte in der Basensättigung. Die Gleichgewichte der Basensättigung herzustellen bedeutet: Den Boden beleben und düngen.

Hohe Kalziumgehalte in der Pflanze während der Jugendentwicklung halten Kulturen gesund. Hohe Magnesiumgehalte bringen beste Eiweißbildung. Beide Nährstoffe können bei Böden, die mit Kalzium und Magnesium übersättigt sind, von den Pflanzen schlecht aufgenommen werden. Übersättigung begrenzt die Nährstoffaufnahme genauso wie Mangel. Das ist die Auswirkung der fehlenden Mesoporen, weil dadurch die Leistungen der Bodenorganismen für die Pflanzen abnehmen.

**Abb. 16** „Bronzespitzen" im Getreide; keine Interaktion mit dem Bodenleben an den Wurzeln.

## 1.3 Die Boden belebende Düngung

Sie haben zwei Wege, um Ihre Kulturen zu ernähren: die natürliche Nährstoffaufnahme der Pflanzen aus dem Boden und die Nährstoffzufuhr durch Düngung. Der zweite Weg ist allgemein bekannt, aber der Boden ist kein Gefäß, in das man viel hineingeben muss, um viel herauszuholen. Eine Düngung nach diesem Muster ignoriert die Nährstoffverfügbarkeit durch die Tätigkeit der Bodenorganismen und macht sie teuer. Der belebte Boden und die Pflanzen, die auf ihm wachsen dürfen, können alle Nährstoffe für einen hohen Ertrag selbst freisetzen – das ist Ihr Kostenvorteil. Deshalb ist es so wichtig, vor der Kultur, aber auch während des Wachstums der Kultur, die Aktivität der Bodenlebewesen immer wieder zu überprüfen und zu fördern. Gelingt es Ihnen, ein hochaktives Bodenleben zu etablieren und dessen Aktivität nicht zu stören, baut es „nebenbei" auch den Humus auf. Humusbildung und hohe Erträge sind daher der gleiche biologische Prozess und kein Gegensatz.

### Mineralische N-Düngung

Wenn Sie mit der Umsetzung der Regenerativen Landwirtschaft beginnen, ist es wichtig, in der Sicherheit zu bleiben – also im Fall der konventionellen Betriebsführung die mineralische Düngung nach Entzug vorläufig weiterzuführen. Die Wirkung können Sie über -20 %-Parzellen und Null-Düngungs-Parzellen kontrollieren. Wenn die Nährstoffaufnahme aus dem Bodenstoffwechsel ansteigt, finden Sie die -20 %-Parzelle nicht mehr. Dann können Sie beginnen, die mineralische Düngung zu reduzieren. Die Düngung sollte in vier Jahresschritten reduziert werden (parallel zur Umsetzung der regenerativen Methoden), sodass ab dem fünften Jahr keine Mineraldünger mehr benötigt werden (siehe Jones 2017).

Mineralische Dünger schädigen durch ihre Salzwirkung die Bodenorganismen. Aber es gibt Unterschiede: Chloride, Nitrate und wasserlöslicher Phosphor reduzieren das Boden-Mikrobiom am stärksten. Wechseln Sie, insbesondere bei N-Düngern, während der Anbauperiode die Düngerart. Vermeiden Sie Kaliumchlorid- und wasserlösliche P-Düngung. Bodenbelebende Maßnahmen verbessern die Verfügbarkeit von P und K. Sie können auch organisch gedüngt werden.

Beginnt das Bodenleben Nährstoffe zur Verfügung zu stellen (wenn Sie die Düngefenster nicht mehr wiederfinden), dann beginnt auch die Nährstoffausnutzung zu steigen. Die Effizienz in kg Nährstoff/dt Ertrag nimmt zu, das lässt sich gut nachrechnen. Im konventionellen Getreideanbau sind hohe Erträge mit guter Qualität bei 1–2 kg N/ha möglich. Im Öko-Anbau dauert es erfahrungsgemäß ein Jahr länger, aber dann ernten Sie auch hohe Erträge – ohne Düngerzufuhr. Dieser Prozess geht schnell ab dem ersten Jahr der Bodenregeneration. Wie lange es dauert, bis Ihre Kulturen ohne Zufuhr durch Düngung normale Erträge bringen, hängt von der Intensität der Umsetzung Boden belebender Anbaumaßnahmen ab. Insbesondere der dauergrüne Anbau mit hoher pflanzlicher Vielfalt ist dabei wichtig.

Mit Pflanzenbeständen, die die für sie notwendigen Nährstoffe in Zusammenarbeit mit dem biologisch aktiven Bodenleben aufnehmen, haben Sie die Chance, hohe Erträge mit exzellenter Qualität zu ernten. Ertrag und Qualität sind dann kein Gegensatz mehr, sondern steigen gemeinsam.

## Die Herbstdüngung

Wenn die Nährstoffnachlieferung durch die Aktivierung des Bodenlebens zunimmt, können Sie die Düngemaßnahmen überwiegend auf die Förderung des Bodenstoffwechsels konzentrieren. Der Bodenstoffwechsel nimmt mit dem Anbau und dem Einschälen von Zwischenfrüchten zu. Sie erreichen den höchsten Wirkungsgrad der Dünger im Herbst, wenn Sie in die wachsenden Zwischenfrüchte, vorrangig im Herbst, düngen. So erreichen Sie mit geringen Aufwandmengen die beste Wirkung, denn die Nährstoffe werden im Boden verstoffwechselt, lebend verbaut. Diese Form der Nährstoffspeicherung, in der lebenden organischen Substanz und im Nährhumus, ist sicher gegen Auswaschung und die Nährstoffe sind für die Pflanzen verfügbar, je nach individuellem Bedarf und Wachstumsstadium. Das ist ein großer Unterschied zur Nährstoffzufuhr in Salzform während bestimmter Wachstumsstadien: so werden die Pflanzen „druckbefüllt“, wenn sie gedüngt werden. Sie nehmen die Nährstoffe nicht genau dann auf, wenn sie sie tatsächlich brauchen. Die Wirkung der Pflanzenernährung „von außen“ finden Sie in verminderter Qualität wieder. Qualität sollte Ihr wichtigstes Argument bei der Preisfindung für Ihre Produkte sein, also sollten Sie auch Ernten mit hoher Qualität produzieren.

### Herbstdüngung

- Kalk und Elementarschwefel,
- Mikronährstoffdünger,
- Organischer Dünger

sollten im Herbst gedüngt werden, um die beste Wirkung zu erzielen. Vor den Sommerkulturen bedeutet das, Zwischenfrüchte anzubauen und die Dünger ab Bestandesschluss (also ab ca. 15 cm Wuchshöhe) in die Zwischenfrüchte auszubringen.

Oft werden organische Dünger im Sommer auf die Stoppeln gefahren, eingearbeitet und dann die Zwischenfrüchte bestellt. Das führt wegen den Temperaturen und den langen Tagen zu hohen Verlusten. Die Bodenbearbeitung bei Hitze fördert den Humusabbau ebenfalls, deswegen sind die Humusgehalte durch die organische Düngung im Sommer bisher nicht nennenswert gestiegen.

**Abb. 17** Die organische Düngung wurde in wachsender Kultur ausgebracht.

Die Düngemaßnahmen in der wachsenden Kultur nehmen durch die Herbstdüngung ab. Vor allem folgt die Nährstoffzufuhr nicht mehr dem Entzug nach Erwartungsertrag. Am Anfang der Umstellung auf Regenerative Landwirtschaft sollten Sie deshalb bisher bewährte Düngemaßnahmen beibehalten, aber diese über die Düngefenster überprüfen. Der Blattsaft- und Bodentest gehört ebenso dazu (siehe Kapitel 7: Blattsaft und Bodenantwort messen), um festzustellen, ob die Nährstoffaufnahme aus dem Boden während der Wachstumszeit ausreicht. Korrigieren Sie im Fall nicht ausreichender Nährstoffbereitstellung aus dem Boden und nicht ausreichender Nährstoffaufnahme in der Kultur auf beiden Seiten – also Düngen und Vitalisieren (siehe Kapitel 6: Vitalisieren des Bodenlebens).

## Die Kopfkalkung

Wenn Sie bei der Bodenbonitur im Herbst beim Karbonattest (siehe Kapitel 1.2) nichts sehen, sollte ein hochreaktiver Kalk in Wintergetreide, Winterraps und in die Winterzwischenfrucht gestreut werden. Die Kopfkalkung hebt die Stickstoffbindung in der organischen Bodensubstanz an. Die Kalziumaufnahme der Kulturen steigt an. Die Winterfestigkeit verbessert sich, früher Krankheitsbefall (z. B. Halmbasisverbräunungen, *Typhula*-Fäule, *Phoma:* Blattflecken, *Phoma:* Stängelbefall) nehmen ab. Zeitnah, also in der gleichen Woche, können Sie bei Schwefelbedarf die Wirkung der Kopfkalkung mit einer Elementarschwefeldüngung verstärken. Der Schwefel kann auch mit der Saat als Unterfußdüngung gegeben werden.

### Steigerung der Stickstoffbindung in der organischen Bodensubstanz

**Kalzium**: Die Anwesenheit von gelöstem Kalzium steuert im mikrobiellen Bodenstoffwechsel, ob aus dem ständig stattfindenden Eiweißabbau Ammonium ($NH_4^+$) oder Nitrat ($NO_3^-$) wird (Prjanischnikow 1952). Ist Kalzium in der Bodenlösung vorhanden, sinkt also der Nitratgehalt. Der Stickstoff muss nicht erst energieaufwendig von den Bodenmikroben und Pflanzen zu Ammonium reduziert werden. Der Einbau in deren Biomasse und in Folge in den Humus geht schneller. Allerdings darf die Kalziumkonzentration nicht so hoch sein, dass die anderen Kationen verdrängt werden und das Verhältnis zwischen Bakterien und Pilzen im Boden aus dem Gleichgewicht gerät, weil die Bodenpilze eine zu hohe Kalziumkonzentration nicht vertragen. Das würde die bakteriellen Abbauprozesse fördern und wieder zu Stickstofffreisetzung und Humusabbau führen.

**Elementarer Schwefel** steigert die Stickstoffbindung in der organischen Bodensubstanz. Er fördert die Eiweißbildung im mikrobiellen Bodenleben, weil er die Nitratbildung durch die Nitrifizierung hemmt. Nach der Bodenbearbeitung, also nach der Saat, ist die Nitratbildung kurzzeitig hoch, weil die Bodenbearbeitung Luft in den Boden bringt und den Abbau organischer Substanz dadurch fördert. Der interessante Effekt der Nitratreduktion ist deshalb vor allem bei der Saat wichtig: Deshalb hat sich die Unterfußdüngung mit Elementarschwefel bewährt. Sie können mit Zwei-Tank-Sämaschinen den Schwefeldünger unter Fuß säen. Es ist auch möglich, Saatgut und granulierten elementaren Schwefel vorher zu mischen und gemeinsam auszubringen. Da diese Mischung keine Salze enthält, kann man auch einige Wochen vor der Saat vormischen.

Dünger mit Sulfatschwefelanteil haben diesen stickstoffbindenden Effekt viel weniger. Sind sie notwendig, sollte deshalb der Schwefel etwa zur Hälfte als Elementarschwefel gedüngt werden.

In Erntekulturen hat sich die Kopfkalkung mit granuliertem, hochreaktivem Kalk (> 80 % Reaktivität-Kalk) bewährt, in Zwischenfrüchten können Sie auch preiswerte erdfeuchte Kalke ausbringen. Die Aufwandmenge bemessen Sie nach der niedrigsten Menge, die den nitratreduzierenden Effekt erzeugt. Es sind oft die technisch niedrigstmöglichen Aufwandmengen, wenn Sie hochreaktive Kalke einsetzen. Fehlen Schwefel und Kalk (oder ist eine Kopfkalkung notwendig), dann sollte elementarer Schwefel zeitnah zur Kalkdüngung in die Bestände gedüngt werden. Beide Dünger brauchen die mikrobielle Aktivität des Bodens, deswegen gehören sie an die Bodenoberfläche und sollten beschattet liegen.

Haben Sie die Düngung mit Sulfaten (Gips, Kieserit, Kali50) geplant, können Sie diese Dünger auch im Frühjahr ausbringen. Sie brauchen den mikrobiellen Aufschluss nicht, weil sie besser wasserlöslich sind.

Wenn Sie granulierten Kalk (granulierte Kreide) ohne Magnesium streuen, aber Magnesiumbedarf besteht, sollten Sie Magnesiumsulfat

**Abb. 18** Kopfkalkung – die Kalkung in der Kultur ist vorrangig für die Kalziumaufnahme in der Jugendentwicklung und für die Pflanzengesundheit wichtig.

**Abb. 19** Elementarschwefel im Saatgut, vor der Saat gemischt, für die Schwefeldüngung mit der Saat.

(Kieserit) in geteilter Gabe bereits im Herbst dazugeben. Die andere Hälfte wird dann im Frühjahr zu Schoßbeginn gestreut, bzw. zeitnah zur organischen Düngung.

Elementaren Schwefel können Sie, wenn noch kein Schwefel dieser Art gedüngt wurde und hoher Bedarf besteht, erstmalig mit der empfohlenen hohen Gabe düngen, unabhängig von der Kultur. In den folgenden Jahren ist eine Unterfußdüngung mit der Saat möglich. Bei

Getreide, Raps und anderen Früchten, bei denen die Düngerkörner mit dem Saatgut gemeinsam in eine Saatlinie abgelegt werden, sollten Mengen von 20 kg/ha Elementarschwefel oder 25 kg/ha Elementarschwefel + Bor nicht überschritten werden. Wenn die Saattechnik einen Abstand zwischen Saatgut und Düngerband gewährleistet, wie bei den Maislegemaschinen, kann bis zu 50 kg/ha gedüngt werden.

### Die Verfügbarkeit der Schwerpunktnährstoffe

**Kalzium und Schwefel** sind oft schlecht pflanzenverfügbar, weil ihre Verfügbarkeit von der biologischen Aktivität des Bodens abhängt. In humusarmen Böden, bei Verdichtung, bei Trockenheit, aber auch bei langen Anbaupausen zwischen den Kulturen, verliert der Boden seine mikrobielle Aktivität. Unter diesen Bedingungen werden auch Pflanzenschutzmittelrückstände langsamer abgebaut, das reduziert die mikrobielle Aktivität zusätzlich.

Befindet sich die **Basensättigung** nicht im Gleichgewicht (für die meisten Böden: 68 % Ca, 12 % Mg, 5 % K und 15 % $H^+$), verliert der Boden seine Bodenporen, das verschlechtert das Habitat für die Bodenmikroben und reduziert die mikrobielle Aktivität ebenfalls.

So kommt es auf kalziumgesättigten Böden zu Kalziummangel. Man sieht es an gelben Blattspitzen im Getreide, beginnender Halmbasisverbräunung, geringem Erdanhang an den neuen Wurzeln. Man sieht es auch beim Blattsafttest an der scharfen Brechungsgrenze im Refraktometer und man kann es im Blattsaft und in der Bodenaufschwemmung messen (siehe Kapitel 7.1: Fotosyntheseleistung messen).

Schwefel wird auf humusarmen Böden ausgewaschen, Sulfat reduziert überschüssige Basensättigung und ist für die Eiweißbildung der Bodenmikroben genauso wichtig wie für die Pflanzen. Eine Schwefeldüngung, die nur nach dem Entzug der Kultur ausgebracht wird, führt deshalb zu Schwefelmangel in der Kultur (die Bodenchemie und die mikrobiellen Prozesse binden auch Schwefel). Bei Mangel ist daher die Schwefel-Entzugsdüngung für die Kultur nicht ausreichend.

Das Ausbringen von Kalium und organischen Düngern sollte vor der Saat oder Pflanzung vermieden werden, denn sie reduzieren die Kalziumaufnahme der jungen Kultur. Wenn Zwischenfrüchte vor der Hauptkultur stehen, sollten diese organisch gedüngt werden. Oder man bringt die organischen Dünger in der Hauptkultur während der Hauptwachstumsphase aus. Damit umgeht man Krankheiten in der frühen Jugendphase durch reduzierte Kalziumaufnahme.

### Organische Dünger und Wirtschaftsdünger …

… „füttern“ Bodenorganismen und Kulturen gleichermaßen, vor allem, wenn sie fermentiert sind. Gülle, Mist, aber auch Kompost, kann sich im Abbauzustand befinden, das bemerken Sie am Fäulnis-Geruch. Dann nimmt die Wirkung der organischen Dünger ab und Sie sollten gegensteuern.

Der Abbau der organischen Dünger entsteht durch Eiweißfäulnis, weil das C:N-Verhältnis < 10:1 ist und deshalb Stickstoff abgebaut wird. Auch die Kohlenhydrate der organischen Dünger gehen dadurch verloren. Die Mikroben, die diesen Abbau vornehmen, setzen ihre Arbeit gern im Boden fort. Das führt zu Humusabbau durch organische Düngung. Die verbreitete Praxis, auf unbewachsenen Feldern organisch zu düngen und einzuarbeiten, führt deshalb nicht zum Anstieg der Humusgehalte in den Böden. Die Fermentierung der frischen organischen Dünger ist deshalb essenziell für Betriebe, die organisch düngen (siehe Kapitel 5.2: Belebung der Wirtschaftsdünger).

Das Fachrecht schreibt aus Emissionsschutzgründen die Einarbeitung organischer Dünger auf unbewachsenen Flächen vor, die organische Düngung in wachsende Bestände (wie auf Grünland) ist nicht beschränkt.

**Praxis-Tipp**

Sie können den Aufwand der organischen Düngung senken und gleichzeitig den Ausnutzungsgrad verbessern, wenn Sie im betrieblichen Ablauf die Ausbringung der organischen Dünger in die Zwischenfrüchte oder in die Kulturen organisieren. Die Düngung in die Zwischenfrüchte führt zum höchsten Verstoffwechslungsgrad im Boden und damit zur besten Ausnutzung der aufwendig erzeugten organischen Dünger.

Wegen der Beschränkung der Ausbringung im Herbst können Sie, besonders vor Mais, wintergrüne Zwischenfrüchte anbauen und so die Ausbringezeit im Frühjahr besser nutzen.

### Die Mikronährstoffdüngung

Mikronährstoffe lassen sich als Bodendüngung gut mit den organischen Düngern verteilen. Man sollte die Mengen an Mikronährstoffen nach geplanter organischer Düngermenge/Hektar bemessen und vor der Ausbringung feldweise dazu dosieren. Die Bor-Düngungsempfehlung mit Borsäure kann mehrere Jahre wiederholt werden, bis in der Pflanzenanalyse (siehe Kapitel 7.4) der Borgehalt erreicht ist. Die Kupfer- und Zinksulfatdüngung begrenzt man auf 10 kg/ha Kupfersulfat und 20 kg/ha Zinksulfat, auch wenn mehr empfohlen wurde. Zeigt die Pflanzenanalyse keine steigenden Gehalte an, düngt man die Restmenge, wenn wieder Zwischenfrüchte angebaut werden. Die Obergrenze ist erreicht, wenn in den Folgebodenuntersuchungen nach 3–5 Jahren kein Bedarf mehr feststellbar ist.

### Mineralische Düngung

Mineralische Düngung – auch in biologischen Betrieben? Selbstverständlich – am Beginn der Regeneration des Humusgehaltes, wenn die Nährstoffverhältnisse zu weit aus dem Gleichgewicht geraten sind, Nährstoffe fehlen oder nicht aufnehmbar sind. Es sind nur biologisch zugelassene Nährstoffe und Dünger gemeint. Ab jetzt immer? Nein – nur am Beginn des Humusaufbaues.

**Abb. 20** Mikronährstoffe werden in den Kompost gegeben und gemeinsam mit dem Kompost ausgebracht. Das erhöht deren Wirksamkeit.

**Kurzfassung für die tägliche Praxis**

- Düngen Sie so, dass der Boden belebt wird. Kontrollieren Sie den Effekt der Düngemaßnahmen auf die Bodengare (siehe Kapitel 1.1).
- Sichern Sie anfangs den Ertrag, indem Sie bewährte Düngemethoden vorläufig beibehalten, aber die Nährstoffnachlieferung über – 20 %-Düngefenster gegenprüfen.
- Bevorzugen Sie die Zwischenfrüchte für Düngemaßnahmen und sichern Sie die Nährstoffaufnahme der Erntekultur durch Vitalisierung (Belebung), z. B. mit Komposttee (siehe Kapitel 5).

# 2 Den Boden belüften – die Boden belebende Unterkrumenlockerung

Vor allem zu Beginn der Umstellung auf regenerative Anbaumaßnahmen ist die Unterkrumenlockerung unverzichtbar für einen Ertragseffekt.

Für einen aktiven Bodenstoffwechsel (und damit eine gute Versorgung der Pflanzen mit Nährstoffen und Wasser) sind Böden mit einer guten Krümelstruktur und einer Porengröße im Millimeterbereich wichtig. Ein optimal belebter Boden hat 50% sichtbares Porenvolumen – überzeugen Sie sich am bewachsenen Feldrand!

Wenn Sie bei der Garekontrolle mit Spaten und Sonde Verdichtungszonen finden, ist eine Unterkrumenlockerung notwendig. Die Pflanzen können feste Verdichtungszonen im Boden nicht ausreichend durchwurzeln, das gilt auch für tief wurzelnde Kulturen wie z. B. Luzerne oder Pflanzenarten, die als Zwischenfrüchte eingesetzt werden. Kümmerwuchs ist die Folge.

Die Unterkrumenlockerung soll das verlorene Habitat für Wurzeln und Bodenlebewesen wieder herstellen und den Gasaustausch und die Wasserhaltefähigkeit im Boden verbessern. Sie soll nicht große Löcher in die Verdichtungszonen brechen. Leider sind die meisten Geräte, die heute eingesetzt werden, auf diese Art wirksam – die aktuellen Unterbodenlockerer wurden nicht für den Anspruch des Bodenlebens konstruiert. Die Bodenorganismen brauchen mittlere (Meso-)Poren in Millimetergröße, keine zentimetergroßen Hohlräume.

**Abb. 21** Unterbodenlockerer, mit Schneidscheibe für flaches Arbeiten, und Nachläufer.

Nach der Unterkrumenlockerung muss die Bodenoberfläche wieder verschlossen werden. Der Bodenstoffwechsel verläuft anfangs gasförmig. Bleiben die Lockerungsschlitze offen, gelangt weiterhin Luft in den Boden und beschleunigt den Abbau organischer Substanz (Atmungsprozesse). Dabei bildet sich $CO_2$, aber auch andere Biogase wie $CH_4$ und $N_2O$ werden frei. $CO_2$ und andere Biogase werden im Boden als Nahrung und Energiequelle für die Mikroorganismen gebraucht, nicht als klimaschädigende Gase in der Atmosphäre!

Außerdem sollte nach der Unterkrumenlockerung nicht zu viel Bodenwasser verdunsten. Sie brauchen am Lockerungsgerät daher einen geeigneten Nachläufer. Sie können die Lockerung auch mit der Saat kombinieren.

## 2.1 Unterbodenverdichtung – aktiv und passiv

Die Verdichtung des Unterbodens kann verschiedene Ursachen haben. Bei der Umstellung auf regenerative Anbauverfahren ist es wichtig, dass Sie wissen, woher die Verdichtungen kommen und wie Sie schnell und nachhaltig Abhilfe schaffen können.

### Aktive Unterbodenverdichtung

Die Achslasten der Technik, aber auch die Häufigkeit des Überfahrens, sind die Ursachen der aktiven Bodenverdichtung. Sie sehen es nach dem Überfahren auf dem Spaten an dem plattigen, zusammengepressten Gefüge. Alle Poren sind zusammengedrückt. Tote, zusammengedrückte Regenwürmer sind zu sehen; die Tierleichen riechen nach Aas und Fäulnis.

Während der Saat ist der Boden am empfindlichsten, weil er frisch bearbeitet wurde. Die allgemein verwendeten Maschinen der Saattechnik sind zu schwer, weil Bodenbearbeitungsfunktionen in diese Maschinen integriert wurden.

**Praxis-Tipp**

Fragen Sie nach dem Gewicht der Geräte, wenn Sie in Sätechnik investieren. Auf dem Markt sind auch Maschinen mit großer Arbeitsbreite und geringem Gewicht erhältlich.

Die weitverbreitete Unterbodenverdichtung durch Sätechnik spüren Sie mit der Bodensonde, es hat sich nahe der Bodenoberfläche in 5 bis 15 cm Tiefe ein Verdichtungshorizont etabliert. Dann kommt ein „Loch“, ein weicher Horizont bis 30 cm Tiefe, dann folgt die Pflugsohle. Sie spüren also mit der Sonde zwei Horizonte übereinander. Das begrenzt den Wurzelraum erheblich, noch dazu nahe an der Bodenoberfläche, wo die Pflanzen am meisten Wurzeln bilden. Sie sehen es im Bestand an der abnehmenden Bestockung.

Die Erntetechnik ist auch kritisch. Achslasten, die nach der StVZO auf der Straße verboten sind, werden mit der modernen Erntetechnik heute in allen Kulturen erreicht. Die Straße ist gepflastert, Ihr Acker ist

**Abb. 22** Oberflächennahe Verdichtung, ein „Drillmaschinenhorizont“, im Bereich der stärksten Bodendurchwurzelung.

es nach der Ernte oft auch. Die meisten Kulturen (außer Silomais und Futter) sind zur Ernte abgereift, die Wurzeln sind abgestorben. Es fehlt „der Baustahl im Beton“. Böden mit toten Wurzeln sind nicht mehr elastisch.

**Praxis-Tipp**

Sie können die aktive Verdichtung durch die Ernte etwas reduzieren, wenn Sie in allen geeigneten Kulturen Untersaaten anlegen. Die Pflanzen der Untersaaten haben zur Ernte der Hauptfrucht lebende Wurzeln. Die Bodenschäden nehmen dadurch ab.

Trotzdem sind leichte Saat- und Erntemaschinen bei zukünftigen Investitionen überlegenswert.

Wenn Sie pflügen, entsteht durch Raddruck in der Furche und Verpressung am Schar die bekannte Pflugsohlenverdichtung. Sie können die Sohlenbildung deutlich reduzieren, indem Sie hinter jedem Streichblech eine Düse montieren und ebenfalls Pflanzenfermente spritzen. Die empfohlene Aufwandmenge ist 100 l/ha.

### Passive Unterbodenverdichtung

Ein Ungleichgewicht in der Basensättigung, also dem austauschbar am Ton-Humus-Komplex gebundenen Kalzium, Magnesium, Kalium und Natrium, führt zur Bildung schwerer Böden. Böden, deren Nährstoffe nicht im Gleichgewicht stehen, neigen dazu, sich zusammenzuziehen.

**Abb. 23** Pflug mit Spritzdüsen zum Ausbringen der Pflanzenfermente während des Pflügens. Die Pflugsohle nimmt dadurch ab.

Über Monate andauernde Vegetationspausen, vor allem über Sommer oder über Winter, fördern auch die Unterkrumenverdichtung. Der Boden zieht sich von selbst zusammen, wenn er nicht durchwurzelt ist. Diese Böden haben auf dem Spaten eine schlechte Struktur, kaum sichtbare Bodenporen und sind meist klutig – typische Minutenböden. Lassen Sie sich nicht von großen Regenwurmlöchern täuschen, zwischen den Regenwurmgängen ist der Boden nach wie vor verdichtet.

**Abb. 24** Regenwurm in stark verdichtetem Boden. Beachten Sie die Garelosigkeit des Bodens neben dem Regenwurmgang.

Bei Bodenbedingungen mit unausgewogenen Nährstoffverhältnissen treten vermehrt Ackerfuchsschwanz, Quecke und Löwenzahn auf. Die Unkräuter besiedeln bevorzugt Standorte mit einem engeren Kalzium-Magnesium-Verhältnis als 7:1. Dieses Verhältnis bezieht sich auf die festgestellte Menge Ca und Mg in kg/ha.

**Praxis-Tipp**

Eine Düngung, die das Gleichgewicht der Ca:Mg-Basensättigung anstrebt, reduziert das Auftreten der Unkräuter. Kalziumübersättigter Boden braucht Magnesium und Schwefel. Ist zu viel Kalzium und gleichzeitig zu viel Magnesium vorhanden, wirkt Elementarschwefel am besten. Ist der Boden mit Magnesium übersättigt, braucht man Gips. Das Gleiche gilt bei Kaliumübersättigung. In beiden Fällen hält die Wirkung mit gemeinsamer Düngung mit kohlensaurem Kalk länger an. Begleitend dazu ist die Bodenbelebung durch grasbetonte Untersaat und Zwischenfrucht, vor allem Winterzwischenfrucht, sehr wirksam.

Nicht immer sind es die Tongehalte allein, die den Boden schwer machen, auch sandige Böden können bei den entsprechenden Bedingungen schwer bearbeitbar sein. Machen Sie die Fingerreibeprobe auf Ihren schweren Böden. „Schwer" *und* „sandig" gibt es auch.

Bei unausgewogenen Nährstoffverhältnissen zeigt die Bodenuntersuchung meist zu viel Magnesium-Basensättigung, Kalzium-Basensättigung oder beides im Übermaß an. Übrigens findet man diese Werte nicht in der Standard-Bodenuntersuchung (dort wird der Magnesiumgehalt festgestellt, nicht die Magnesium-Basensättigung). Die Albrecht-Bodenuntersuchung gibt dazu Auskunft. Ein enger als 7:1 liegendes Kalzium-Magnesium-Verhältnis zeigt Bodenverdichtung an. Es sind die Nährstoffgehalte in kg/ha in der Albrecht-Bodenanalyse gemeint, nicht die Prozente der Basensättigung (Astera 2010).

Das Gleichgewicht in der Basensättigung erreichen Sie über zwei Wege: Düngung und Lebendverbau durch Wurzeln. Fehlt oder verliert der Boden organische Substanz, nehmen die Ungleichgewichte der Basen-Nährstoffe zu.

**Praxis-Tipp**

Die effektivste Methode, um die Unterbodenverdichtung zu beheben, ist die Zufuhr organischer Substanz. Das erreichen Sie am schnellsten und besten durch die aktiven Wurzeln lebender Pflanzen. Deshalb ist das Anlegen von Untersaaten in den Kulturen wichtig. Genauso bedeutend in der Wirkung gegen Unterbodenverdichtung sind die wintergrünen Zwischenfrüchte (siehe Kapitel 3).

Abseits vom Feld hergestellte organische Substanz (z. B. in einer Kompostmiete) ist nicht durch Bodenmikroben entstanden, die direkt an den lebenden Pflanzenwurzeln aktiv sind. Die Veratmungsrate ist bei dieser aufgebrachten organischen Substanz höher, die Lockerungswirkung nimmt nach dem Aufbringen schnell wieder ab.

**Abb. 25** Ackerfuchsschwanz, ein typisches Ungras auf Böden, die mit Kalzium und/oder Magnesium übersättigt sind. Vor allem der Verzicht auf Gründüngung, Untersaat und exzessive Stickstoffdüngung fördern das Auftreten von Ackerfuchsschwanz.

**Abb. 26** Quecke auf dem Spaten. Sie ist ein Anzeiger für Kalkmangel, aber auch auf kaliumübersättigten Böden zu Hause. Böden mit hohem Eisengehalt durch oxidativen Bodenstoffwechsel fördern die Quecke ebenfalls.

## Bodentemperatur und Verdichtung

Die Aktivität der Mikroorganismen des Bodens ist von der Temperatur abhängig. Mikroorganismen „arbeiten" erst ab Temperaturen > 6 °C. Ist der Boden bewachsen und sind die Pflanzen aktiv, schaffen die Pflanzenwurzeln durch die Abgabe bestimmter Substanzen (u. a. Zucker, organische Säuren, Aminosäuren) bessere Lebensbedingungen für die Bodenorganismen. Die Auflockerung der Bodenmineralien und die Stoffwechseltätigkeit der Bodenlebewesen finden vermehrt statt – und damit lockert sich der Boden.

Deshalb hat der Boden eine gute Widerstandsfähigkeit gegen Befahren und Bearbeiten, wenn der Frühling angefangen hat. Laufen Sie Anfang März über eine Wiese: Es klebt an den Schuhen. Wenn Sie im April über die gleiche Wiese laufen, klebt nichts mehr – der mikrobielle Lebendverbau hat begonnen und macht den Boden elastisch.

Die Wurzelausscheidungen lebender Pflanzen sind wichtige Faktoren für den Bodenstoffwechsel. Nährstoff- und Wasserbindung, Unkräuter und Krankheiten unterdrücken, leichte Bearbeitbarkeit und Erosionsfestigkeit erreichen Sie mit bewachsenen Böden.

**Praxis-Tipp**

Zu Kulturen, die im Frühjahr nicht zeitig gesät werden müssen (Mais, Soja, Erbsen, Kartoffeln normale Pflanzung), sollte der erste Bodenbearbeitungsgang ab dem Erstfrühling oder etwas später erfolgen. Sie können das am Aufblühen der Schlehen und Forsythien, aber auch am Ergrünen der Wiesen sehen. Der Vegetationsbeginn errechnet sich auch aus 200 °C Temperatursumme, wenn Sie die Temperatur im Januar mit 0,5 und im Februar mit 0,75 multiplizieren. Noch besseres Wachstum erreichen Sie bei der ersten Bodenbearbeitung im Vollfrühling: der Apfelblüte, bei vollem Graswachstum.

Der Erstfrühling ist gleichbedeutend mit dem Vegetationsbeginn. Ab diesem Zeitpunkt schwankt die Bodentemperatur nicht mehr im Tag-Nacht-Rhythmus, es bleibt nachts im Boden warm. Die Bodenmikroben können „durcharbeiten" – die Pflanzen merken das. Stecken Sie Anfang März ein Bodenthermometer in die Wiese und sehen Sie frühmorgens und nachmittags darauf – notieren Sie jeweils die Temperaturen. Der Vegetationsbeginn kann über die Jahre hinweg zu unterschiedlichen Zeiten beginnen – mehrere Wochen Unterschied können durchaus vorkommen. Für die erste Bodenbearbeitung im Frühjahr ist der Vegetationsbeginn an Ihrem Standort entscheidend, wenn Sie Nährstoffverluste und nachfolgend Unkrautdruck vermeiden wollen.

Die drei Phasen des Frühlings können Sie am Austrieb oder Blühbeginn typischer Pflanzen erkennen (siehe Kapitel 4.4).

**Praxis-Tipp**

Verdichtete Böden erwärmen sich langsamer. Für die Frühjahrskulturen ist es daher wichtig, im Sommer oder Herbst des Vorjahres zu lockern. Die Wurzeln einer Zwischenfrucht halten den Lockerungseffekt bis zum Frühjahr.

**Kurzfassung für die tägliche Praxis**

- Unterbodenverdichtungen sind auf nahezu allen Flächen vorhanden und begrenzen die Wirksamkeit aller anderen Arbeiten und Betriebsmittel.
- In humusarmen Böden führen Ungleichgewichte der Basensättigung besonders deutlich zu Verdichtungen.
- Lockern Sie die Böden mit schonender Technik zum richtigen Zeitpunkt, Einspritzen von Pflanzenfermenten, Regulieren der Ungleichgewichte in der Basensättigung und dem Einsatz von Untersaaten und Zwischenfrüchten.

## 2.2 Die Technik

Mit der Unterkrumenlockerung wollen Sie bessere Erträge erzielen. Das erfordert für die Wurzeln Ihrer Kulturen eine möglichst große innere Oberfläche. Sie können als ideales Habitat für Wurzeln und Bodenorganismen Bodenporen mittlerer Größe, keine „Hohlräume", schaffen. Lockern Sie deshalb mit Geräten, die eine möglichst fein verästelte, große innere Oberfläche herstellen und nicht nur Löcher in den Boden reißen.

Das wichtigste Detail: Fahren Sie bei der Unterkrumenlockerung nicht zu schnell. 5–6 km/h sind die Obergrenze für die Bildung feiner Risse entlang der natürlichen Spannungslinien im Boden. Sind Sie schneller, erzeugen Sie größere Hohlräume im Boden. Das Gerät reißt den Boden in großen Stücken auseinander, anstatt ihn feinkrümelig aufzubrechen. Sie merken es auf dem Spaten: Graben Sie nach der Lockerung ein Loch, stechen Sie ein Spatenblatt voll Boden ab und werfen Sie das Stück auf den Boden. Haben sich Feinrisse gebildet, zerbröselt der gelockerte Boden in kleine Teile. Sind Sie zu schnell gefahren, liegen grobe Kluten da.

Die Lockerungszinken brauchen einen Vorlauf von 30–40 cm, bevor der Stiel des Lockerungswerkzeuges durch den Boden gezogen wird. Das sichert einen geringen Bedarf an Zugkraft, ca. 100 PS für 3 m Arbeitsbreite mit vier Zinken. Der Stiel läuft dann im vorgelockerten Boden. Das reduziert den Zugkraftbedarf deutlich. So sind große Arbeitsbreiten mit vorhandener Zugleistung möglich. Steine im Boden können bei Kontakt mit dem Stiel zur Seite ausweichen, sodass Sie mit der Unterkrumenlockerung nicht noch mehr Steine herausholen.

Der weite Abstand der Lockerungszinken ist erforderlich, damit in der Mitte ein schmaler Streifen ungelockerten Bodens stehen bleibt. So bilden sich, zusammen mit der niedrigen Fahrgeschwindigkeit, viel mehr Feinrisse. Beim Grubbern stehen die Zinken enger und der Boden hebt sich „im Ganzen" an, wird überlockert und fällt eher wieder in sich zusammen.

**Praxis-Tipp**

Auf der Spitze der Zinken sollte eine Hartmetallplatte arbeiten, deren Breite etwa 10 % der Arbeitsbreite des Gerätes entspricht. Das sichert einen geringen Bodenkontakt mit Metall und verhindert damit eine erneute Verpressung des Bodens. Die Hartmetallplatte ist etwa 20 cm lang, reicht nicht bis zur Bodenoberfläche, ist glatt und hat eine waagerechte Unterkante, sodass der Lockerungszinken unten etwas breiter ist als an der Bodenoberfläche. Das sichert eine wenig aufgerissene Bodenoberfläche; so ziehen Sie bei der Unterkrumenlockerung keine „Kartoffelfurchen". Der Anstellwinkel sollte am Oberlenker verstellbar sein. Den besten Lockerungseffekt erreichen Sie, wenn der Traktor bei der Fahrt leicht vibriert. Dann spüren Sie die richtige Funktion der Lockerung. Die Hartmetallplatte „hobelt" auf dem Verdichtungshorizont. Diese Vibration sorgt für die Bildung der feinen Risse, auch unterhalb der Bearbeitungstiefe.

**Abb. 27** Auf der Verdichtung „hobelnde" Hartmetallplatte auf einem Unterbodenlockerer im Boden.

Die richtige Arbeitstiefe ist im – nicht unter – dem Verdichtungshorizont. Liegen Sie darunter, nimmt der Anteil der für die Wurzeln zu großen Hohlräume zu. Außerdem nimmt der Anteil feiner Risse ab, und die brauchen Sie für den schnellen Anstieg der mikrobiellen Bodenaktivität.

Sie müssen also bei Beginn der Arbeit mit einem Unterbodenlockerer das Gerät einstellen wie jedes andere Bodenbearbeitungsgerät. Das erfordert Ihre Aufmerksamkeit und Ihr Wissen um das, was Sie erreichen wollen.

**Kurzfassung für die tägliche Praxis**

- Kontrollieren Sie den Lockerungseffekt. Der ist am besten, wenn ein Bodenziegel aus dem Verdichtungshorizont bei der Abwurfprobe „wie Würfelzucker" in kleine Bodenaggregate zerfällt.
- Mit der Bodensonde erspürbare, horizontale „Löcher" nach der Lockerung weisen auf zu hohe Fahrgeschwindigkeit oder ungeeignete Werkzeugformen hin.

## 2.3 Frei werdende Nährstoffe biologisch binden

Wenn bei der Lockerung die Bodenwelle durch das Gerät läuft, findet sofort eine Belüftung des Bodens statt. Man könnte sagen, dass sich der Boden mit Luft vollsaugt und „beatmet" wird. Sobald Sauerstoff in den aufgelockerten Verdichtungshorizont gelangt, beginnen die Mikroben mit dem Abbau der im Boden vorhandenen Eiweiße; in Wasser leicht lösliches Nitrat entsteht. Dabei geht viel im Boden gebundener Stickstoff verloren. Damit dieser abbauende Bodenstoffwechsel gehemmt werden kann, ist der Einsatz von antioxidativ wirkenden Pflanzenfermenten nutzbringend.

**Praxis-Tipp**

Rüsten Sie den Unterbodenlockerer mit Spritzdüsen aus, damit Sie während der Lockerung Pflanzenfermente (siehe Kapitel 5: Herstellung von Pflanzenfermenten) in den Boden einspritzen können. Dies führt zu einem deutlich auf dem Spaten sichtbaren und schnellen Gareeffekt: Die durch Belüftung abgebauten Nährstoffe bleiben länger im Boden und ernähren das Bodenleben. Die Bodenmikroben nehmen an Aktivität und Biomasse stark zu, sodass innerhalb von ein bis zwei Wochen der Garezuwachs auf dem Spaten zu beobachten ist. Und das in einem vorher meist stark verdichteten Boden.

**Abb. 28** Ein ausgehobener Unterbodenlockerer, man sieht die Spritzdüsen für die Verteilung der Pflanzenfermente im Boden.

### Organische Substanz im Verdichtungshorizont

Dort, wo sich eine Bodenverdichtung befindet, sind die Grob- und Mittelporen des Bodens verloren gegangen. In diesen Poren lebten vorher die Bodenmikroben und Bodentiere. Dort waren vor der Verdichtung viel mehr Wurzeln Ihrer Kulturen. Deswegen hat jetzt die organische Substanz im Verdichtungshorizont ein C:N-Verhältnis enger als 10:1, das ist ein Kohlenstoffmangel. Unter dieser Bedingung nimmt die Nährstoffbindung im Boden ab.

Die Mikroporen bleiben übrig. Sie sind sehr klein und enthalten wenig Sauerstoff. Nur Bakterien und Archaeen (den Bakterien ähnliche Organismen, die zum Teil an extreme Umweltbedingungen angepasst sind) können die Mikroporen besiedeln und organische Substanz abbauen. Bei Luftzutritt in der Verdichtungszone steigt der Abbau der organischen Substanz durch Oxidationsprozesse stark an, sodass sauerstoffgebundene Nährstoffe, z. B. $CO_2$ und $NO_3$, entstehen. Sie sehen es am schnellen Wachstum der Gründüngungen nach der Unterkrumenlockerung. Das ist zwar wünschenswert, aber die Nährstoff-Verlustrate steigt auch an.

Halten Sie durch einen geeigneten Nachläufer oder einer gekoppelten Sämaschine diese Gase im Boden, sinkt zeitweilig der Sauerstoffgehalt der Bodenluft. Dann bilden fermentaktive Bodenmikroorganismen Enzyme, die den freigesetzten Kohlenstoff und Stickstoff im Boden halten. Dieser Prozess wird durch die Einspritzung der Pflanzenfermente deutlich gefördert.

**Kurzfassung für die tägliche Praxis**

- Kombinieren Sie die Unterkrumenlockerung mit der Einspritzung von Pflanzenfermenten, um den raschen Abbau der Eiweiße aus der organischen Bodensubstanz zu verhindern.
- Nutzen Sie Spritzdüsen, nicht nur Tropfenöffnungen.

## 2.4 Wann lockern?

Der Lockerungsbedarf ist zu Beginn der Bodenleben regenerierenden Bewirtschaftung allgemein hoch und nimmt mit zunehmendem Humusgehalt ab.

Lockern Sie Ihre Böden erst, wenn es ausreichend warm für das Wachstum ist.

Der gelockerte Boden braucht nachfolgend die Stabilisierung durch die Pflanzenwurzeln, und das mit der höchstmöglichen Intensität. Deshalb sollten Sie die Lockerung vorrangig im August und September durchführen, wenn Untersaaten auf den Feldern stehen oder Zwischenfrüchte gesät werden. Sie können daher die Lockerung im Herbst vor den Sommerkulturen standardmäßig einplanen.

Beste Ergebnisse erreichen Sie, wenn Sie kurz vor oder mit der zweiten Schälung oder zur Saat lockern. Dann wird der Lockerungsschlitz mit bestens belebten Bodenkrümeln gefüllt – eine „Rennbahn für Wurzeln". Dies lässt sich im Frontanbau oder Heck-Zwischenanbau vor der Sämaschine realisieren.

Auf dem Grünland und im Obst- und Weinbau besteht auch Lockerungsbedarf. Die Achslast der heutigen Futtererntetechnik steht den Achslasten im Ackerbau nicht nach, und Sie haben meist noch mehr Überfahrten. Die Befahrhäufigkeit in den Dauerkulturen sorgt auch bei kleineren Maschinen für deutliche Verdichtung der Fahrgassen. Der Zeitraum zur Lockerung ist allerdings größer, Sie können von Mai bis Ende September gute Ergebnisse erreichen.

**Kurzfassung für die tägliche Praxis**

- Vermeiden Sie Lockerung, wenn es im Unterboden für mikrobielle Prozesse zu kalt ist.
- Unterschätzen Sie nicht den notwendigen Lockerungsbedarf auf Grünland und in Dauerkulturen.

# 3 Das Bodenleben fördern mit Gründüngung

Sie erreichen das volle Leistungsspektrum des Bodenlebens durch mikrobielle Vielfalt. Die erzeugen Sie durch optimale Bedingungen und mit pflanzlicher Vielfalt. Die Praxis zeigt, dass Pflanzen die Fruchtbarkeit des Bodens mit ihrer jeweiligen Art- und sortenspezifischen mikrobiellen Signatur erhöhen. Je vielfältiger angebaut wird, umso besser arbeiten die Bodenorganismen.

**Praxis-Tipp**

Bereits eine kleine Menge Saatgut pro Hektar in einer Mischung löst den Mischkultureffekt aus, sodass schon mit einer geringen Menge an Beisaaten die Pflanzengesundheit und Nährstoffaufnahme verbessert werden kann.

## 3.1 Untersaat

Bauen Sie, wenn möglich, keine Monokulturen an. In den meisten Kulturen ist eine Untersaat möglich, oft auch als Beisaat. Die Untersaat schließt die Ernährungslücke der Bodenorganismen zwischen der Abreife der Kultur und dem Bestandesschluss einer Zwischenfrucht-Saat. Dauernd bewachsene Felder sind, gerade im Sommer, ein wichtiger Faktor für den Aufbau von Humus. Lassen Sie aber (außer in Not, z. B. bei nicht endendem Regen im Herbst) die Untersaat nach der Ernte nicht durch den Winter gehen.

Vielfalt ist auch bei Untersaat-Gemenge wichtig: es sind, wenn Sie z. B. Green Carbon Fix gesät haben, elf Pflanzenarten, bei anderen Gemengen nur ein bis zwei Arten. Die Artenarmut in einseitigen Gemengen bringt durch die Gräser eine sehr gute Bodengare, aber zu wenig gesundheitsfördernde Wirkung für die Kultur und zu wenig Nährstoffnachlieferung nach dem Schälen. Wird nur Klee als Untersaat eingesetzt, kommt es zu einer enormen Bodenverdichtung nach der Ernte. Der Grund: Klee hat zu wenig Wurzelmasse und die Wurzeln haben ein zu enges C:N-Verhältnis.

**Tabelle 4:** Beispiele für Untersaaten bei Frühjahrskulturen.

| Frühjahrssaaten | Saatzeitpunkt | Mischung |
|---|---|---|
| Mais | 6-Blatt-Stadium:<br>oder 8-Blatt-Stadium: | 10 kg/ha Untersaat mit 70 % Gras<br>15 kg/ha Landsberger Gemenge |
| Soja, Lupinen, Sonnenblumen | mit der letzten Pflege | 10 kg/ha Green Carbon Fix |
| Ackerbohne | zur Saat mit zusätzlicher Sätechnik | 12,5 kg/ha Green Carbon Fix |
| Sommergetreide | zur Saat, vorgemischt | 12,5 kg/ha Green Carbon Fix |
| Feldgemüse | mit der letzten Pflege | 12,5 kg/ha Green Carbon Fix |

**Tabelle 5:** Beispiele für Untersaaten bei Herbstsaaten.

| Herbstsaaten | Saatzeitpunkt | Mischung |
|---|---|---|
| Wintergetreide, Bioanbau | mit der Saat | 12,5 kg/ha Green Carbon Fix |
| Wintergetreide, Anbau mit Mineraldüngern | ab 15.10. | 12,5 kg/ha Green Carbon Fix |

**Abb. 29** Maisernte mit Untersaat. Sie fahren auf stabilisiertem Boden und machen weniger Spurschäden.

**Abb. 30** Untersaat mit Green Carbon Fix im Getreide im Herbst.

**Abb. 31** Untersaat Green-Carbon-Fix in Getreidestoppeln nach Ernte. Der Boden bleibt auch bei großer Trockenheit bewachsen.

Für den Rapsanbau werden gerade verschiedene Untersaat-Beisaatkombinationen entwickelt. Ziel ist es hier, auch eine Unkraut unterdrückende Wirkung zu erreichen, die den Herbizidbedarf begrenzt. Die Pflanzengesundheit soll gefördert und der Rapsaufschlag in den Folgekulturen vermieden werden.

## 3.2 Sommerzwischenfrucht und wintergrüne Zwischenfrucht

Für die Belebung der Böden ist der dauernd begrünte Anbau wichtig. Dadurch findet ein kontinuierlicher Humusaufbau statt und Sie senken über die Jahre das Ertragsrisiko. Beginnen Sie mit einer Zwischenfrucht vor Sommerkulturen, selbstverständlich im Gemenge. Der Vorteil des Zwischenfruchtanbaus ist die hohe erreichbare Artenvielfalt und damit eine höhere Nährstoffwirkung in der Folgefrucht als mit artenarmer Zwischenfrucht.

Vor dem Wintergetreide können Sie, wenn sechs Wochen und mehr Wachstumszeit für eine Zwischenfrucht möglich sind, das „Dominanzgemenge“ einsäen. Es ist aus Pflanzenarten zusammengestellt, die vorrangig bei Trockenheit keimen und die den Boden gut abdecken. Das „Dominanzgemenge“ sollte nicht als abfrierende Sommerzwischenfrucht angebaut, sondern Mitte September eingeschält werden (siehe Kapitel 4), um Ausfall zu vermeiden.

Bei anhaltender Trockenheit nach der Ernte oder bei weniger als sechs Wochen Wachstumszeit bis zur nächsten Bestellung können Sie auch die Untersaat der Vorfrucht die Aufgabe der Zwischenfrucht übernehmen lassen – wenn die Untersaat artenreich genug ist. Dafür empfiehlt sich die Mischung „Green Carbon Fix".

Zwischenfrüchte können Sie nach der Ernte der Vorfrucht gut in Direktsaat säen. Haben Sie die Vorfrucht mit einer Untersaat angebaut, sollte die Hälfte der Untersaat bei der Zwischenfrucht-Direktsaat mit Breitscharen weggeschnitten werden. Exaktgrubber, Sägrubber und Zinken-Sämaschinen sind dafür gut geeignet.

Waren in der Vorfrucht keine Untersaaten enthalten, erreichen Sie den besten Aufgang in der Sommertrockenheit, wenn Sie die Zwischenfrucht ebenfalls in Direktsaat mit einer Zinkensämaschine, Einscheiben-Scharmaschine oder direkt am Schneidwerk des Mähdreschers pneumatisch säen. Wird der Acker vor der Aussaat der Zwischenfrucht noch bearbeitet, führt das meist zu einem hohen Ausfallgetreidedruck. Dann steht die Zwischenfrucht oft zu dünn.

Bei Saatterminen bis zum 31.08. (in Mitteleuropa) können Sie abfrierende Zwischenfrüchte, gemischt mit einer Untersaat, bestellen. Dann bleiben auch beim Sommer-Zwischenfruchtanbau die Felder wintergrün. Für diesen Saattermin ist das Gemenge „Insect protect" besonders gut geeignet. Dieses Gemenge bleibt im Herbst stehen. Die Blütenarmut darin täuscht der Insektenwelt nicht den Frühling im Herbst vor und dient z. B. den Vögeln im Winter als Futterquelle. Wenn der Frost die sommergrünen Arten zum Absterben gebracht hat, fängt die Untersaat die Nährstoffe auf. Im Frühjahr können Sie die gut entwickelte Untersaat zur Flächenrotte einschälen. Diese Mischung ist ohne Wintergetreidearten zusammengestellt, sodass in nachfolgendem Sommergetreide kein Getreidedurchwuchs zu befürchten ist.

Ist in Ihrem Betrieb keine geeignete Technik zum Schälen vorhanden, dann ist für die Begrünung Ihrer Felder für die Saatzeit bis Ende Juli das Gemenge „C:N-Max – abfrierend, spätblühend" geeignet. Für die Saat bis Ende August bewährt sich das „Biodiversitätsgemenge", ebenso abfrierend. Für Folgefrüchte, die vor oder zu Vegetationsbeginn angebaut werden (wie z. B. Frühkartoffeln), können Sie ebenfalls abfrierende Zwischenfrüchte bestellen.

Vor Hackfruchtkulturen mit späteren Saatterminen sollte vorrangig eine saatzeitflexible, wurzelstarke Winterbegrünung angebaut werden, die dann mit der Schälung in Rotte zu bringen ist. Dafür eignet sich die Winterzwischenfrucht „Wintergrün". Sie enthält kein Welsches Weidelgras, damit dies bei einem feuchten Frühjahr nach der Schälung nicht durchwächst. Die Saatmischung „Wintergrün" kann aufgrund ihrer flexiblen Saatzeit im Herbst nach jeder Kultur ausgebracht werden – also solange überhaupt noch gesät werden kann.

Beerntbare Zwischenfrüchte, wie das „Landsberger Gemenge" oder diverse Mischungen für Futterbau- und Biogasbetriebe haben sich ebenfalls bewährt. In Regionen mit einer starken Schalenwildpopulation ist der Anbau von GPS-Gemengen wegen des späteren Erntezeitpunkts allerdings zu bevorzugen, um Verluste an Jungwild zu vermeiden.

**Abb. 32** Die Pflanzen der Saatmischung „Wintergrün“ am Ende der Vegetationszeit.

**Abb. 33** Die Zwischenfruchtmischung „Wintergrün“, im Frühjahr zur Zeit der Schälung.

### Fruchtfolge-Prinzipien in der Regenerativen Landwirtschaft

**a) Wechsel von Winterung und Sommerung**

Bauen Sie ca. je zur Hälfte Winter- und Sommerkulturen an und wechseln Sie diese ab. Können Sie dieses Verhältnis im Anbau nicht einhalten, ist es wichtig, dass Sie anderweitig für eine beständige Gründüngung sorgen: arbeiten Sie in winterkulturlastigen Fruchtfolgen mit dem Untersaatanbau und, wenn Sie bis Ende Juli Zwischenfrüchte säen können, mit „Dominanzgemenge“. Integrieren Sie in sommerkulturlastigen Fruchtfolgen die wintergrünen Zwischenfrüchte.

**b) Wechsel zwischen zweikeimblättrigen (Hackfrüchte und Futterkulturen) und einkeimblättrigen (Getreide, Mais und Gräser) Kulturen**

Wenn Sie auf zweikeimblättrige Kulturen Getreide, Mais und Gras folgen lassen, profitieren diese bekanntermaßen von dieser Fruchtfolgestellung. Deswegen steht nach Raps, Kartoffeln und Rüben meist Getreide. Das Getreide wird dagegen in soja- und gemüsereichen Fruchtfolgen als Ausgleichsfrucht gebraucht. Es wird kritisch, wenn Sie breitblättrige Kulturen nacheinander anbauen, weil die Eiweißreste im Boden durch die Zersetzung Wurzelschaderreger und frühe Blattkrankheiten fördern. Als Beispiele sollen hier Raps nach Erbsen, Körnerleguminosen oder Kartoffeln nach Kleegras mit hohem Kleeanteil oder Zuckerrüben nach Ölrettich oder Senf dienen. Das letzte Beispiel ist weit verbreitet – testen Sie statt der Kreuzblütler-Zwischenfrucht ein Gemenge mit viel mehr Arten und vergleichen Sie.

## Doppelte Zwischenfrucht

Bei Saatzeiten bis zum 30.07. lohnt sich der doppelte Zwischenfruchtanbau: Zweimal vegetativ wachsende Gemenge, zweimal Flächenrotte (siehe Kapitel 4) und zwei Zeitpunkte zur Herbstdüngung sichern den schnellsten und höchsten Effekt der Humusbildung. So können Sie das Bodenleben „mästen“.

Die erste, früh zu säende Sommerzwischenfrucht können Sie mit dem „Dominanzgemenge“ anlegen. Dieses Gemenge wird dann nach sechs Wochen (in der ersten Septemberhälfte) durch Schälen in Rotte gebracht – auch wenn noch Zuwachs zu erwarten ist. Während dieser Zeit ist der Boden noch warm und sichert eine schnelle Rotte, sodass Sie nachfolgend noch die Wintergrün-Zwischenfrucht säen können. Ist eine frühe Saat in der ersten Septemberhälfte möglich, steht dann im April schon wieder ein wüchsiger, starker Bestand Wintergrün zum Schälen da. Wenn Sie Erfahrung mit der Schälung haben, können Sie mit früh gesäter Winterzwischenfrucht eine Flächenrotte vor Rüben, Ackerbohnen und Kartoffeln (Aprilpflanzung) durchführen.

Liegt Ihr Betrieb an einem Standort, auf dem in der Regel spät geerntet wird, können Sie trotzdem das Tempo der Humusbildung mit dem doppelten Zwischenfruchtanbau nutzen: Lassen Sie die Untersaat im Getreide stehen und schälen Sie Ende August. Deshalb ist die Artenvielfalt in der Untersaat wichtig. Auch nach der GPS-Ernte können Sie zweimal eine Zwischenfrucht anbauen.

Zwischenfrüchte für den Futteranbau haben die meisten Saatguthersteller im Sortiment. Beerntbare Zwischenfrüchte sind ebenfalls eine wirksame Methode, um die Bodenorganismen zu ernähren, vor allem

**Tabelle 6:** Zwischenfrüchte zur Förderung der Humusbildung.

| Mischung | Saatstärke | Saatzeitpunkt | Zusammensetzung |
|---|---|---|---|
| Dominanz-Gemenge | 25 kg/ha als Sommerzwischenfrucht zum Einschälen im September | bis Ende Juli, für Gründüngung vor Wintergetreide oder Winterzwischenfrucht | 15 Arten, vorrangig bei Trockenheit keimend und schnell einen dichten Bestand bildend |
| C:N-Max (abfrierend, spätblühend) | 40 kg/ha als Sommerzwischenfrucht, abfrierend | bis Ende Juli | 16 Arten und bei einigen Arten mehrere Sorten |
| Biodiversitäts-Gemenge | 50 kg/ha als Sommerzwischenfrucht, abfrierend | bis ca. 20. August | 25 Arten und bei einigen Arten mehrere Sorten |
| Insect protect | 35–40 kg/ha, als Sommerzwischenfrucht, teilweise überwinternd. Vermeidet vor Sommergetreide Roggendurchwuchs | bis 20. August 35 kg/ha, 21.–31.08.: 40 kg/ha | 25 Arten, bei einigen Arten mehrere Sorten |
| Wintergrün | 70 kg/ha, bei späterer Saat erhöhen Sie die Saatstärke | Anfang September bis Vegetationsende | 7 Arten, ohne Welsches Weidelgras; bei einigen Arten mehrere Sorten |

**Abb. 34** Die Untersaat (Green Carbon Fix) wird Ende August flach geschält.

wenn Sie Gemenge anbauen. Das altbekannte Landsberger Gemenge, aber auch schnellwüchsige Kleegrasgemenge und Wickroggen gehören dazu. Problematisch sind dabei auch die Solo-Ansaaten, z. B. von Futterroggen. Besonders in trockenen Regionen führt der Soloanbau zu Ertragsrückgang der Folgekultur. Durch einfachen Austausch mit Wickroggen haben Sie beides: eine ertragsstarke, hochwertige Futterzwischenfrucht und eine ertragsstarke Folgefrucht.

Für Wasserschutzgebiete oder spezifisch für die Folgefrucht (z. B. Rüben oder Körnerleguminosen) werden weitere spezifische Zwischenfruchtmischungen am Markt angeboten.

## 3.3 Beisaat

Mischkulturen führen zu mehr Blattgesundheit und besseren Erträgen. Der Beisaat-Effekt kann so stark sein, dass Sie Krankheitsprobleme in den Griff bekommen, die mit herkömmlichen Mitteln sonst nicht mehr beherrschbar sind. Ein Beispiel: Anthraknose in Lupinen, besonders in Weißer Lupine. Säen Sie die Lupinen gleichzeitig mit 25 kg/ha Hafer, nimmt der Anthraknosedruck deutlich ab. Wenn Sie noch 10 kg/ha Untersaat „Green Carbon Fix“ sowie eine mineralische Düngung (oft ist es Elementarschwefel – nach Bodenuntersuchung) verwenden, ist die Lupine nicht mehr anfällig für Anthraknose.

Mit der Beisaat können Sie auch bei Ackerbohnen die Anfälligkeit gegen bakterielle Blattkrankheiten und Bohnenkäfer senken. Eine zusätzliche Untersaat vermindert die Spätverunkrautung. Die Schwefeldüngung (nach der Bodenuntersuchung) verstärkt auch hier den Gesundheitseffekt.

**Abb. 35** Beisaat aus Leindotter und Hafer in Ackerbohne.

Wenn Sie beim Rapsanbau vor der Saat Leguminosen (z. B. 50 kg/ha Ackerbohnen oder 25 kg/ha Lupinen) streuen, die bis zum Frost mitwachsen dürfen, dann steht weniger Unkraut im Bestand und die Winterfestigkeit nimmt zu.

Weizen hat weniger Blattkrankheiten, wenn Leindotter (z. B. aus der Untersaat) mit wächst.

Der Mischanbau aus Getreide und Körnerleguminosen zur Futterernte ist eine gute Alternative zum herkömmlichen Silomais-Anbau. Die Vorteile sind:

- Herbizide sind nicht notwendig.
- Organische Düngung ist im Herbst und Frühjahr möglich.
- Das Schwarzwild frisst die Pflanzenmischung nicht.
- Das daraus gewonnene Silage-Futter führt zur gleichen Milchleistung.

Der reine Energiegehalt des erzeugten Futters ist zwar geringer als in Maissilage, aber der höhere Mineral- und Vitalstoffgehalt der Körnerleguminosen sorgt für eine gleichbleibende Milchleistung.

Bei Kartoffeln kann man die Spätverunkrautung und späte Knollenschäden verhindern, indem man bei der letzten Pflegedurchfahrt eine reduzierte Menge von einer biodiversen Zwischenfrucht mit einstreut. Das ist zwar ein gewöhnungsbedürftiger Anblick zur Erntezeit – aber die Vorteile liegen auf der Hand. Die Spätverunkrautung nach dem Krautschlegeln und später Drahtwurmdruck nehmen ab, die Knollenqualität nimmt zu.

**Abb. 36** Beisaat der Mischung REG_5 zu Raps.

**Abb. 37** Kartoffeln mit Beisaat von 15 kg/ha Biodiversitätsgemenge.

**Tabelle 7:** Beispiele für Beisaaten.

| **Herbstsaaten** | **Saatzeitpunkt** | **Mischung** |
|---|---|---|
| Winterraps | vor der Saat am Saattag | 25 kg/ha Blaue Lupine bzw. 50 kg/ha Ackerbohne. Oder: 25 % von einem abfrostenden Zwischenfruchtgemenge, das Körnerleguminosen enthält |
| Triticale oder anderes Futtergetreide | mit der Saat gemischt | 25 kg/ha Erbsen (Felderbsen/Peluschken), winterfest |
| Winterfuttergemenge zur GPS-Ernte | mit der Saat gemischt | 100 kg/ha Schnitt-Triticale, Futterroggen, Winterhafer (in rauen Klimaten Dinkel) + 100 kg/ha Winterackerbohnen, Wintererbsen, Zottelwicken |
| Sommerfuttergemenge zur GPS-Ernte | mit der Saat gemischt | 80 kg/ha Hafer, Sommerroggen, Sommergerste + 100 kg/ha Ackerbohnen, Erbsen, Saatwicken |
| Sommergetreide | mit der Saat | 3 kg/ha Leindotter |
| Ackerbohnen, Lupinen | vor der Saat streuen oder beim Blindstriegeln pneumatisch säen | 25 kg/ha Hafer (gelb oder weiß) |
| Erbsen | zusammen mit dem Blindstriegeln oder Walzen in 5 cm Wuchshöhe | 1 kg/ha Leindotter oder 2 kg/ha Senf, + 0,3 kg/ha *Phacelia* |
| Kartoffeln | mit dem letzten Pflegegang, kurz vor Bestandesschluss | 15 kg/ha Biodiversitätsgemenge oder 25 % einer anderen Zwischenfruchtmischung für den Kartoffelanbau |

## Kurzfassung für die tägliche Praxis

- Halten Sie die Felder bewachsen. Besonders große Reserven für die Verbesserung der Bodenfruchtbarkeit ergeben sich mit der Untersaat und Winterzwischenfrucht.
- Nutzen Sie die maximale Artenvielfalt in den Mischungen.
- Beschränken Sie die Gründüngung nicht nur auf die abfrierende Sommerzwischenfrucht – es gibt mindestens vier Saatzeitpunkte für unterschiedliche Gründüngungsarten, sodass die Gründüngung vielseitig in die Anbauverfahren integriert werden kann.

# 4 Die Flächenrotte – „füttern" Sie Ihre Bodenmikroben

Bei der Flächenrotte werden im Boden große Mengen von grünem, frischen organischen Material nach flachem und lockerem Einarbeiten in kurzer Zeit abgebaut und verstoffwechselt. Da in den Kulturpflanzen kein oder nur wenig verholztes Gewebe vorhanden ist, werden die in ihnen enthaltenen Kohlenhydrate, Eiweiße und Fette rasch umgesetzt. Deshalb ist diese Gründüngung die am schnellsten wirksame und leistungsfähigste Art organisch zu düngen. Der Bodenstoffwechsel der Flächenrotte beginnt, wenn Sie wachsende Untersaaten oder Zwischenfrüchte grün einschälen.

Die Umsetzung ist ein Stoffwechselprozess im Boden, mit ähnlichen Teilschritten und Lebensgemeinschaften wie im Magen der Wiederkäuer, z. B. den Rindern. Die Flächenrotte, die durch die Enzymaktivität der Mikroben stattfindet, verläuft in etwa wie der Aufschluss der Gräser im Pansen. Daher stimulieren die Pflanzenfermente die Rotte auch ähnlich wie der saure Pansensaft oder milchsaure Futterzusätze.

## Was passiert im Boden?

Der Bodenstoffwechsel der Flächenrotte beginnt mit einem stürmischen Abbau des Pflanzensaftes. Dabei wird durch die schnell ansteigende Bodenatmung viel $CO_2$ frei. Das macht das lockere Pflanzen-Bodengemisch kurzzeitig anoxisch, aber nicht faulend. Das ist das Milieu für die Umsteuerung in den Gärungsstoffwechsel der Bodenmikroben. Dies erfordert die anoxische, sauerstofffreie Phase der Bodenluft. Der

**Abb. 38** Eine bewachsene Fläche wird mit einer Ackerfräse flach und locker eingeschält. Das ist einer der leistungsfähigsten Huminstoff bildenden Prozesse im Ackerbau.

noch nicht veratmete Zucker aus der Grünmasse wird dann vergoren – fermentiert. Damit entstehen große Mengen organischer Säuren, die den Mikroben als Energiespeicher zur Verfügung stehen. Die Zugabe der Pflanzenfermente (siehe Kapitel 4.2: Mit Pflanzenfermenten die Rotte steuern) stabilisiert und fördert diesen Prozess deutlich.

Nach der Verstoffwechselung des Zuckers nimmt der Gärungsstoffwechsel ab und in der lockeren Struktur des Rottehorizontes nimmt der Sauerstoffgehalt wieder zu. Daraufhin steigt die Aktivität von Bakterien und Bodenpilzen stark an, was nach einigen Tagen am süßen Bodengeruch gut feststellbar ist. Die ansteigende mikrobielle Aktivität führt zum schnellen Abbau der leicht umsetzbaren organischen Substanzen und zu einem Aufbau der Huminstoffe. Bodenorganismen sind für den Abbau aller organischen Substanzen und zu einem großen Anteil auch für den Aufbau von Huminstoffen verantwortlich (Stahr 2016). Sehen Sie eine Zunahme des braunen Farbtones auf dem Spaten, hat der Anteil an Huminstoffen zugenommen. Sie finden als Anzeichen dafür deutlich mehr große, runde und gleichmäßige Bodenkrümel als vor dem Schälen.

Eine Flächenkompostierung ist im Gegensatz dazu das flache Einarbeiten von Ernteresten oder Frischkompost. Diese enthalten weniger leicht und schnell umsetzbare organische Stoffe. Daher ist dieser Prozess langsamer, eine so deutliche und schnelle Huminstoffbildung wie bei der Flächenrotte tritt nicht ein. Der Veratmungsverlust ist höher. Erntereste u. Ä. können daher besser in der Schattengare, z. B. in einer wachsenden Untersaat, liegen gelassen werden. Das erhöht den Ausnutzungsgrad, denn das veratmete $CO_2$ kann von der wachsenden Untersaat über die Blätter aufgenommen werden und unterliegt weniger der Windverwehung.

### Schälen abgeernteter Futterflächen

Wurzeln enthalten weniger schnell umsetzbaren Zucker und Eiweiße als Blätter. Es wird viel weniger Blatteiweiß im Boden verstoffwechselt, wenn Sie abgeerntete Flächen schälen. Die Rottedauer kann verkürzt werden. Auch bei dieser Bearbeitung sollten Sie nicht auf die Rotteförderung mit Pflanzenfermenten verzichten, um die Veratmungsverluste zu reduzieren.

## 4.1 Die richtige Schältechnik

Der Ackerbau hat sich in den vergangenen Jahrzehnten zu einem Management unbewachsener Flächen entwickelt. Wenn Sie beginnen, Ihre bewachsenen Felder zu schälen, brauchen Sie eine Technik, die mit der Menge Grünmasse umgehen kann und die beiden Anforderungen – flach und locker – erfüllt. Außerdem soll Feinboden entstehen, um so viele Kontaktflächen wie möglich zwischen Grünmaterial und Boden herzustellen, damit sich Ton-Humus-Komplexe bilden können. Sie brauchen weiterhin einen ganzflächigen Unterschnitt, damit die Gräser sicher absterben. Wenn Ihre Stoppelsturzgeräte (Kurzscheibenegge, Universalgrubber) diese Bedingungen nicht erfüllen, ist eine Investition erforderlich.

## Ackerfräse

Beim Schälen begrünter Flächen hat sich die Ackerfräse mit abgewinkelten Messern im flachen, oberflächennahen Einsatz bei ca. 3 cm Tiefe (nicht, wie z. B. im Feldgemüsebau üblich, 15 cm tief) bewährt. Dies ist eine der wirksamsten Methoden, um grasbewachsene Flächen sicher in Rotte zu bringen. Es sind meist zwei Überfahrten:

- Beim ersten Fräsdurchgang schaffen Sie das Milieu für die Flächenrotte: Flacher Wurzelschnitt bei ca. 3 cm Tiefe, kein Schmierhorizont, ausreichend Feinboden, zerkleinern der Pflanzenmasse, intensive Durchmischung. Fehlt einer dieser Faktoren, rottet es nicht und es wachsen mehr Gräser an. Es ist normal, dass dabei Bodenunebenheiten (wie z. B. Fahrspuren) nicht bearbeitet werden.
- Eine zweite Überfahrt ebnet die Bodenunebenheiten ein. Entscheiden Sie nach der Wirkung der ersten Überfahrt zur Schälung, mit welchem Gerät Sie das zweite Mal fahren. Es kann etwas tiefer gearbeitet werden. Exaktgrubber und andere Stoppelbearbeitungs-Geräte ohne schwere Walze sind auch geeignet.

### Merkmale einer Ackerfräse

- Rechtwinklig abgewinkelte Messer, keine gebogenen oder „Ypsilons".
- Untergriff – die Rückseite der Messer wird nicht blank.
- Materialstärke der Messer 6 bis maximal 8 mm.
- Gegenläufige Verschraubung der Messer, sodass an der Abwinkelung nichts stehen bleibt.
- Ziehender Schnitt.

**Abb. 39** Detail an einer Ackerfräse: Messerüberstand für einen ganzflächigen Schnitt und Freiwinkel zum Vermeiden eines Schmierhorizontes.

- Drehzahl des Rotors der Fahrgeschwindigkeit angepasst und ausreichend schnell, für ca. 8 km/h werden mindestens ca. 350 Umdrehungen/Min. gebraucht.
- Metallräder hinten (gummibereifte Räder neigen zum Wippen und Aufschaukeln). Die Fräse wird mit entlastetem Oberlenker gezogen. Keine Walze als Nachläufer.
- Klappe verstellbar. Bei der ersten Überfahrt offen. Wird die zweite Überfahrt mit der Ackerfräse erledigt, dann ist die Flächenrotte bereits fertig und die Klappe kann teilweise geschlossen werden, damit der Boden eben wird.

**Abb. 40** Flacher Schnitt im durchwurzelten Boden.

**Abb. 41** Spritzdüsen für Pflanzenfermente an einer Ackerfräse.

Bei einer Arbeitsbreite von 3 m können Sie mit 100 PS Zugkraft 8 km/h oder etwas mehr Arbeitsgeschwindigkeit erreichen. Wenn Sie mit einer 3-Meter-Fräse mehr Zugkraft brauchen, stimmt die Form oder Dicke der Messer nicht. Es liegt nicht an der Fräse oder dem Boden – die Messer müssen ausgetauscht werden. Es ist normal, dass viele Hersteller die Anforderungen an eine Ackerfräse für den regenerativen Anbau nicht kennen, diese Anforderungen sind auch für sie neu. Deshalb finden Sie geeignete Herstelleradressen im Anhang (siehe Bezugsquellen).

**Abb. 42** Fräsenmesser mit zu geringem Freiwinkel, der Messerrücken wird blank und verschmiert den Boden.

**Abb. 43** Ein nicht geeignetes Messer an einer Fräse: zu starkes Material.

**Wie stellen Sie die Ackerfräse beim ersten Einsatz ein?**

- Schälen Sie nur bewachsene Felder, nicht Stoppeln (ohne Untersaat) oder bereits bearbeitete Felder.
- Stellen Sie die Arbeitstiefe ein. Sie arbeiten flach genug, wenn einzelne Grasbüschel stehen bleiben. Fahrspuren können bei einem zweiten Arbeitsgang eingeebnet werden. Es muss allerdings ein ausreichender Kontakt der Pflanzenteile mit dem Boden zu finden sein. Auf sandigem Boden können Sie aus diesem Grund die Fräse 1–2 cm tiefer stellen.
- Stellen Sie die Fahrgeschwindigkeit und Rotordrehzahl ein. Sie sollten mehr als 6 km/h fahren können, sonst schmiert es. Hinten sollten abgeschnittene, flache Wurzelsoden herausfliegen. Reißt es ganze Wurzelballen heraus oder können Sie nicht schnell genug fahren, sind die Messer falsch abgewinkelt oder zu dick. Wichtig ist, dass viel Feinboden entsteht.
- Der Auswurfbogen sollte nur ca. 2 m weit sein. Haben Sie einen wesentlich weiteren Auswurf, ist die Fahrgeschwindigkeit zu langsam oder die Messer reißen die Grassoden heraus.

### Schälgeräte

Das richtige Einschälen der grünen Pflanzenmasse ist ein wichtiger Huminstoff bildender Prozess und für die Regeneration des Bodenlebens von entscheidender Bedeutung. Sie können je nach Ihrem Betriebstyp mehrere Schälgeräte einsetzen:

- Die Ackerfräse für die Schälung grasbewachsener Flächen.
- Einen Federzinkengrubber oder Flachgrubber, DynaDrive oder Rotortiller zum Einarbeiten von Zwischenfrüchten ohne Gräser oder für die zweite Schälung.
- Einen Schälpflug, vor allem wenn Sie Kartoffeln oder Feldgemüse anbauen. Auch auf Sandböden oder steinigen Flächen hat sich der Schälpflug bewährt.
- Eine X-Scheibenegge, vor allem mit einem Fahrwerk in der Mitte. Diese erzeugt auch viel Feinboden und eine gute Kontaktfläche, wenn ein Schwerstriegel integriert ist.

## Federzinkengrubber und Flachgrubber

Da die Bearbeitungstiefe bei 3–5 cm liegt, brauchen diese Geräte ein Fahrwerk mit einstellbaren Rädern vorn und hinten, um die Arbeitstiefe exakt zu halten. Um die Oberfläche gegen Ausgasung zu verschließen, ist auch hier ein Nachläufer notwendig. Dazu haben sich Striegel bewährt. Walzen sind hier fehl am Platz. Nur wenn tief gelockert wird, muss stärker rückverdichtet werden.

**Abb. 44** Federzinkengrubber.

**Abb. 45** Zinkenrotor.

## DynaDrive, Rotortiller und Spatenrollegge

Zum flachen Einschälen sind passive oder angetriebene Rotoren ebenso geeignet. Sie können mit hoher Geschwindigkeit gefahren werden und einen hohen Vermischungsgrad von Boden und Pflanzenresten erreichen. Sie müssen aber die Einsatzbeschränkungen der Maschinen kennen: Rotorgeräte lassen Gras stehen. Und junge Gräser wachsen nach dem Schnitt besonders gern wieder an und breiten sich rasch vegetativ aus. Da im regenerativen Anbau viel mit Gräsern gearbeitet wird, können Sie mit Rotorgeräten nur auf Feldern arbeiten, wo gerade keine Gräser stehen. Typischerweise ist das bei der Einarbeitung des Dominanzgemenges der Fall. Es kann auch bei der zweiten Schälung sein, zur Einarbeitung von Rübenblatt oder Raps- und Maisstoppeln, wenn Sie nicht mit Untersaat angebaut haben. Auch bei der Grünlanderneuerung und in Dauerkulturen sind Rotorgeräte nutzbringend einsetzbar, denn da spielt das Anwachsen der Gräser keine Rolle.

Wenn die Zwischenfrucht mehr als kniehoch ist, können Sie auch mit Frontmulcher und einem Rotorgerät einschälen. Die Zerkleinerung des Pflanzenmaterials mit einem Frontmulcher fördert einen schnellen Rotteprozess. Das kann im September, wenn Sie Wintergetreide oder die frostbeständige Zwischenfrucht „Wintergrün“ säen wollen und die Zeit knapp wird, sehr hilfreich sein.

### Schälpflug

Die Grasbestände können Sie auch mit einem Schälpflug einschälen. Das Gerät und der Arbeitsgang heißt „pflügen“, unterscheidet sich aber deutlich von der herkömmlichen Pflugfurche. Ein Schälpflug hat eine flachere Streichblechform, eine schmale Scharspitze (ca. 8–10 mm) und auf dem Streichblech Stroheinlegerfinger. Der Erdbalken ist beim Schälen viel breiter als hoch und soll während der Wendung zu einem nach unten offenen „Hufeisen“ zusammengedreht werden. Dies ist notwendig, um den gasförmigen Stoffwechsel im Boden zu halten und wird mit dem Eingriff des Stroheinlegers hinten in die fließende Scholle erreicht. Dungeinleger greifen vorn in die Wendung der Scholle ein, das ist nicht das Gleiche. Die Schältiefe richtet sich nach der Durchwurzelungstiefe. Normal bewurzelte Bestände ermöglichen eine Schälung bei 10–15 cm Tiefe. Beim Arbeitsgang des Schälens sollte nicht schwer gepackt werden, sodass der Hohlraum der zusammengedrehten Scholle erhalten bleibt. Greifen Sie in die gedrehten Grassoden hinein, um festzustellen, dass diese nicht platt, sondern locker auf dem Unterboden liegen.

Die Form der zusammengedrehten Grassoden unterscheidet sich grundlegend von der tieferen Pflugscholle, die „angelehnt“ wird. Mit einem herkömmlichen Pflug flacher zu pflügen führt oft nicht zur angestrebten „Hufeisenform“ – das Grünmaterial bleibt flach auf dem Untergrund liegen und kann leicht faulen. Die Rotte tritt dann nicht ein und die Gräser wachsen wieder an.

#### Kurzfassung für die tägliche Praxis

- Bewachsene Felder können flach, locker und feinkrümelig eingeschält werden.
- Moderne Stoppelsturztechnik ist meist ungeeignet, eine Investition in spezielle Schältechnikgeräte ist sinnvoll.
- Ist eine schnelle Rottezeit, wie z. B. im Frühjahr, erforderlich, sollte zeitnah vorgemulcht werden.
- Entscheidend ist die große Kontaktfläche zwischen Pflanzenmaterial und Feinboden.

**Abb. 46** Schälpflug; der Stroheinleger formt die Scholle „umgedreht hufeisenförmig“.

## 4.2 Mit Pflanzenfermenten die Rotte steuern

Als Rotteförderer haben sich milchsaure Pflanzenfermente bewährt, die aus mehreren Wirkkomponenten zusammengesetzt sind. Sie wirken auch dann noch, wenn andere geeignete Präparate zur Rottelenkung wegen Frostnächten oder Trockenheit ausfallen. Das Pflanzenferment sollte an der Maschine in den fließenden Erdstrom eingespritzt werden, um direkt an den Ort des Bodenstoffwechsels zu gelangen. Eine Ausbringung im Frontanbau, um die Geräte am Heck einfacher wechseln zu können, hat sich aber auch bewährt. Das Pflanzenferment sollte mit einer Menge von ca. 100–150 l/ha ausgebracht werden und kann, muss aber nicht, verdünnt werden. Die Pumpenleistung sollte darauf abgestimmt werden; hier haben sich Elektromembranpumpen bewährt. Da mit niedrigem Druck gearbeitet werden kann, können Beregnungsdüsen und Gartenschlauch-Steckkupplungen verwendet werden.

**Praxis-Tipp**

Alle Bodenbearbeitungsgeräte, die Sie nutzen, sollten mit Einspritzdüsen für Pflanzenfermente ausgerüstet werden. Dies trifft auch für Unterbodenlockerer zu. Auf der Rückseite der Werkzeuge kann ein dünnes Rohr aufgeschweißt werden, in welches der Schlauch mit der Beregnungsdüse am Ende gesteckt wird. Umrüstsätze für stabile, in der Erde arbeitende Einspritzdüsen am Unterbodenlockerer werden inzwischen auch angeboten (siehe Bezugsquellen).

Sollten Sie einen Pflug nutzen, ist dort ebenfalls eine Nachrüstung mit Einspritzdüsen hinter den Streichblechen sinnvoll. Sie erreichen damit zwar keinen Rotteeffekt, aber die Pflugsohle wird weicher und so für Wurzeln und Wasser besser durchdringbar. Prüfen Sie dies mit der Bodensonde nach.

**Abb. 47** Pflug mit Einspritzdüsen.

**Abb. 48** Umschalter für die Pflugdrehung.

## Walzen?

Wenn bei der Schälung verdichtet wird, kann zwischen dem Boden und der Luft kein Gasaustausch mehr stattfinden. Nach der Assimilation der schnell umsetzbaren Kohlenhydrate aus der eingearbeiteten Gründüngung bleibt der gewalzte Boden anaerob. Finden Sie bläuliche Schichten und leichenartigen Gestank, dann ist der Boden sogar in Fäulnis übergegangen. Ein Anzeichen von Fäulnis statt Rotte ist auch das starke Aufkeimen der Samenunkräuter. Korrigiert man den Zustand der Oberflächenverdichtung durch Walzen nicht, versinkt die nächste Kultur im Unkraut. In einer gut verlaufenden Rottephase erhöht sich das Unkrautauftreten nicht.

Das Walzen ist ein Arbeitsgang für bewachsene Felder. Walzen Sie Ihre Getreidebestände im Frühjahr, vor allem nach Wechselfrost, dann bestocken diese wie gewünscht. Walzen ist eine Arbeit der Grünlandpflege – aus dem gleichen Grund. Zur Saat wurde oft gewalzt, wenn der Boden klutig ist. Das sollte aber deutlich abnehmen, wenn Sie die Böden der Felder durch regenerative Maßnahmen in die Gare bringen. Das Walzen unbestellter Böden ist keine Regenerative Landwirtschaft, sondern nur nach herkömmlicher, tieferer Bodenbearbeitung effektiv. Moderne Grubber haben dafür geeignete Nachläufer. Bei der flachen Schälung übernimmt die Feinerde (wie ein feinporiger Filter) die Aufgabe der abgedichteten Bodenoberfläche.

## 4.3 Die Kontrolle des Rotteeffektes

Die Flächenrotte geht wegen der leicht umsetzbaren Ausgangsstoffe aus dem nicht verholzten, grünen Pflanzenmaterial schnell: Es dauert einige Tage bis wenige Wochen. Aufgrund der Temperaturabhängigkeit kann man keinen festen Zeitraum nennen. Sie müssen den Prozess selbst kontrollieren. Im Allgemeinen ist die Rotte nach 1–2 Wochen „durch“, sodass Sie den nächsten Arbeitsschritt durchführen können. Die Merkmale des Rotteeffektes in der oberen Bodenschicht sind:

- Eine starke Zunahme der runden Bodenkrümel. Sie haben annähernd eine gleiche Größe von etwa 3–5 mm.
- Erdiger Geruch: „süß“; nach Karotten oder Walderde (es kann eine leichte „Kellernote“ dabei sein).
- Eine gleichmäßige Farbe.
- Zerfaserte, nicht schmierige Pflanzenreste. Schneller Abbau der feinen Pflanzenteile.

Wenn Sie schälen, riecht der Boden nach den frischen, zerkleinerten Pflanzen. Innerhalb der nächsten drei Tage verschwindet der Geruch nach Pflanzen, der Boden wird geruchlos. Nach etwa einer Woche bemerken Sie einen zunehmenden Bodengeruch. Der ist anfangs noch muffig, wechselt aber nach wenigen Tagen zunehmend in die typische, süß-mineralische Bodennote.

**Praxis-Tipp**

Ist der Boden geruchlos, pappig oder klutig, dann ist der Rotteeffekt nicht eingetreten. Sehen Sie unerwartet viel Unkraut auflaufen, findet ebenfalls keine Rotte statt. Sie sollten in diesem Fall kurz vor der Saat eine etwas tiefere Bodenbearbeitung (Grubbern, ca. 15 cm tief) mit 100–150 l/ha Pflanzenferment durchführen.

**Abb. 49** Bodenkrümel der Flächenrotte auf der Hand.

Wenn Sie „Ihre“ Bodenmikroben nicht richtig füttern und den Rotteprozess ignorieren, kann es zu Fäulnisprozessen im Boden kommen. Ihre Kulturen wachsen nicht mehr optimal, die Erträge werden schlechter und Unkräuter breiten sich stärker aus. Machen Sie sich bewusst: Winzer, Brauer, Bäcker und Käser arbeiten täglich mit Mikroben – Sie als Landwirt bei der Pflege Ihrer Böden ebenfalls. Das erfordert genauso viel Wissen um die Vorgänge, die stattfinden und dieselbe Sorgfalt.

**Kurzfassung für die tägliche Praxis**

- Die Fermenteinspritzung ist die Voraussetzung für die Bindung der Nährstoffe aus der Gründüngung im Boden. Damit reduziert sich der Unkrautdruck nach der Saat deutlich.
- Kontrollieren Sie vor der Saat den Rotteeffekt. Ein garer Boden lässt weniger Unkraut aufkeimen. Sehen Sie ungewöhnlich starkes, neu auflaufendes Unkraut, bearbeiten Sie den Boden kurz vor der Saat mit Fermenteinspritzung einige Zentimeter tiefer.

## 4.4 Zeitpunkte des Schälens

Sowohl physikalische und chemische Prozesse im Boden als auch die Aktivität der Bodenorganismen sind von der Temperatur abhängig. In kalten Böden findet kaum biologisch aktiver Stoffwechsel statt. Arbeiten Sie grünes Pflanzenmaterial zu früh oder zu spät im Jahr ein, läuft dessen Abbau langsam oder gar nicht ab, es wird kein Humus gebildet. Die Nährstoffe aus dem Grünmaterial können nicht im Boden gehalten werden, sie gehen verloren.

Lebensprozesse, also auch der mikrobielle Umbau der Kohlenstoffverbindungen zu Huminstoffen, brauchen Wärme. Ab ca. 6 °C Bodentemperatur im Tagesdurchschnitt beginnt die mikrobielle Bodenaktivität; im Frühjahr etwa nach der Zeit der Tag- und Nachtgleiche am 21.03. Das ist der Vegetationsbeginn, der „Erstfrühling". Pflanzen beginnen erst zu wachsen, wenn die Tageslänge der Vegetationszeit erreicht ist und der Boden ausreichend Wasser und Nährstoffe zur Verfügung stellt. Daher lässt sich der Vegetationsbeginn in der Flora bonitieren, man nennt das die „Phänologischen Termine". Die Bonitur wird von Beobachtern des Wetterdienstes durchgeführt und auf den DWD-Internetseiten veröffentlicht.

Der Beginn des Erstfrühlings ist deutlich zu erkennen an den Blüten von Forsythie, Traubenhyazinthe, Buschwindröschen und Himmelsschlüssel. Auch der Austrieb von Eberesche und die Nadelentfaltung der Europäischen Lärche sind eindeutige Zeichen für den Beginn des Erstfrühlings. Die Tage werden länger, wir genießen immer öfter warme und sonnige Tage. In der Mitte des Erstfrühlings entfalten Rosskastanie, Schwarzerle und Hängebirke ihre Blätter und Schlehe und Spitzahorn stehen in Blüte. Der Beginn des Vollfrühlings wird eingeleitet, wenn die ersten Löwenzahnblüten sichtbar werden und Tulpen und Narzissen den Garten in ein buntes Blütenmeer verwandeln.

**Praxis-Tipp**

Für die erste Bodenbearbeitung im Frühjahr sollte der Erstfrühling eingetreten sein. Beginnen Sie vorher mit dem Einschälen, steigen die Nährstoffverluste stark an. Für die Nährstoff bindenden Bodenmikroben ist es noch zu kalt. Die Folge ist eine starke Verunkrautung, besonders Disteln wachsen gut nach Bodenbearbeitung in der Kälte.

**Vorfrühling**

- Die Bodentemperatur liegt bei < 5 °C, nachts wird es im Boden noch kalt.
- Es findet noch keine Fotosynthese in den Pflanzen statt.
- Es können nur wenige Gruppen der Bodenmikroben Stoffwechsel betreiben. Sie leben vom Abbau der organischen Substanz – deren Schleimbildung fördert z. B. Disteln und Ampfer.

**Erstfrühling, Vegetationsbeginn**

- Die Blätter der Stachelbeeren entfalten sich, die Forsythien beginnen zu blühen. In der Folgewoche blühen in der Flur die Schlehen.
- Die Bodentemperatur liegt zwischen 8–12 °C, die Tag- und Nachtschwankungen der Bodentemperatur nehmen ab, auch in kalten Nächten.
- Die Blattbildung und Fotosynthese beginnt. Die wachsenden Wurzeln geben Stoffe ab, die zur Vermehrung der Mikroben im Wurzelraum (Rhizosphäre) führen.
- Der Unkrautwuchs nach der Bodenbearbeitung nimmt deutlich ab.

**Vollfrühling, Bodenstoffwechsel ist aktiv**

- Die Steinobstarten beginnen zu blühen.
- Die Bodentemperatur beträgt im Durchschnitt > 12 °C.
- Die Fotosyntheseleistung steigt an und die Biomasse der Pflanzen nimmt zu.
- „Nahrung“ für die Bodenmikroben wird reichlich gebildet, die Nährstoffbindung im Boden ist gut, die Ertragsleistung der Folgekultur durch Pflanzenernährung aus dem Bodenstoffwechsel kann ein hohes Niveau erreichen.

**Abb. 50** Vorfrühling; die Blüten der Forsythie sind noch nicht offen.

**Abb. 51** Erstfrühling; Forsythie aufgeblüht.

**Abb. 52** Senf mulchen nach dem 20.11., Fäulnis entsteht.

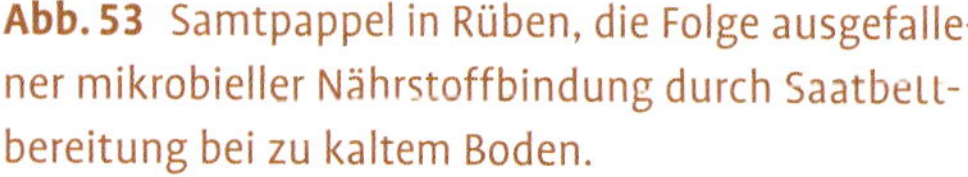

**Abb. 53** Samtpappel in Rüben, die Folge ausgefallener mikrobieller Nährstoffbindung durch Saatbettbereitung bei zu kaltem Boden.

In der Praxis hat sich das Mulchen oder Einarbeiten von Zwischenfrüchten nach Mitte November eingebürgert, also in der Zeit, in der es häufig Temperaturen unter 6 °C gibt. Das Einarbeiten der Grünmasse nach dem Vegetationsende ist nicht sinnvoll. Die Bodenorganismen sind weitgehend inaktiv, die liegengebliebene organische Substanz beginnt, bei feuchtem Wetter auf und im Boden zu faulen. Die Nährstoffe gehen überwiegend verloren.

Einige Mikroben sind auch bei Temperaturen unter 6 °C aktiv und bauen die organische Substanz langsam ab. Aber diese Mikroflora ist sehr dominant und es ist wahrscheinlich, dass in der folgenden Kultur Unkraut und das frühe Auftreten von Krankheiten gefördert wird. Aktuelle Beispiele sind die Ausbreitung von Ackerwinde und der Samtpappel in Zuckerrüben sowie die zunehmende Unbekämpfbarkeit der Blattkrankheit *Cercospora*.

Fördern Sie das Bodenleben. Das fängt mit Zwischenfruchtmischungen an, die viele Arten enthalten, geht mit der Herbstdüngung weiter und umfasst auch das natürliche Abfrieren der Zwischenfrüchte. Führen Sie die Flächenrotte nur in der Vegetationszeit bei Temperaturen über 6 °C aus. Das lässt den Unkraut- und Krankheitsdruck abnehmen und eventuelle Kontrollmaßnahmen besser wirken.

**Kurzfassung für die tägliche Praxis**

- Bearbeitung und Schälung bei geeigneter, warmer Bodentemperatur verbessert die Nährstoffeffizienz und damit die Nährstoffbilanz.
- Beobachten Sie im Frühjahr den Vegetationsbeginn und entscheiden Sie nach den Erscheinungen in der Natur.
- Bodenbearbeitung und Schälung bei zu kaltem Boden sorgen für Gareschäden, die mehrere Jahre anhalten.

## 4.5 Die Technikkette der Bodenbearbeitung

In den Boden belebenden Anbauverfahren brauchen Sie Geräte zur Unterkrumenlockerung und Geräte zum Einschälen.

Es kann ein Saatbett-Bereitungsgerät erforderlich sein, z. B. nach einem Schälpflug. Das hängt von Ihrer Drillmaschine ab. Ebenso sind die Bodenbearbeitungsgeräte für Dammkulturen bei deren Anbau weiterhin notwendig. Für die zweite Bodenbearbeitung nach dem Einschälen der Gründüngungen kann ein Federzinkengrubber ausreichend sein. In der Bestockung des Getreides, im Futterbau oder in Erbsen kurz nach dem Auflaufen kann Walzen erforderlich sein.

Wenn Sie alle Felder auf den dauernd begrünten Anbau umgestellt haben und die neuen Arbeitsgänge in die betriebliche Routine übergegangen sind, kann es sein, dass Sie Stoppelsturzgeräte, Grubber, Scheibeneggen, Pflüge und Kompaktoren nicht mehr brauchen. Auch

**Tabelle 8:** Technikkette für einen Marktfruchtbetrieb mit Mähdruschkulturen.

| Kultur | Jahreszeit | Arbeitsgang | Gerät |
|---|---|---|---|
| Raps | Sommer | Schälen | Ackerfräse |
| | | Unterkrumenlockerung | Unterbodenlockerer |
| | | zweites Schälen | Ackerfräse oder Federzinkengrubber |
| | | Saat | Sämaschine |
| Wintergerste | Sommer | Rapsstoppeln mulchen | Mulcher |
| | Ende August | Schälen | Ackerfräse |
| | | zweites Schälen | Ackerfräse oder Federzinkengrubber |
| | | Saat | Sämaschine |
| Zwischenfrucht Dominanzgemenge | Sommer | Saat | Sämaschine, die für die Direktsaat geeignet ist, mit Vorwerkzeug (z. B. Zinkensaat mit Flachgrubber) |
| | Frühherbst | Schälen | Ackerfräse |
| | | Unterkrumenlockerung | Unterbodenlockerer |
| | | zweites Schälen | Ackerfräse oder Federzinkengrubber |
| Zwischenfrucht Wintergrün | | Saat | Sämaschine |
| Mais | Frühjahr | Schälen | Ackerfräse |
| | | zweites Schälen | Ackerfräse oder Federzinkengrubber |
| | | Saat | Maislegemaschine |
| Weizen | Herbst | Maisstoppeln mulchen | Mulcher |
| | | Schälen | Ackerfräse |
| | | zweites Schälen | Ackerfräse oder Federzinkengrubber |
| | | Saat | Sämaschine |

der Bedarf an Hack- und Striegeltechnik nimmt ab. Bevor Sie auf diese Geräte verzichten, sollten Sie ausreichend Erfahrung im Humus- und Bodenleben regenerierenden Anbau gesammelt haben.

**Kurzfassung für die tägliche Praxis**

- Im Betrieb vorhandene Technik ist für den Beginn des regenerativen Anbaues meist geeignet. Investiert werden sollte erst, wenn einige Erfahrungen in der Umsetzung bestehen.
- Die geeignete Werkzeugform entscheidet über den Erfolg, mehr als der Maschinentyp. Das erspart Überfahrten.

**Tabelle 9:** Ein Beispiel für eine Maschinenkette zu Zuckerrüben mit abfrierender Zwischenfrucht. Das Getreide wird mit Untersaat angesät.

| Kultur | Jahreszeit | Arbeitsgang | Gerät |
|---|---|---|---|
| | Sommer | Sommergerste-Stoppeln mulchen | Mulcher |
| | Spätsommer | Schälen | Ackerfräse |
| | | Unterkrumenlockerung | Unterbodenlockerer |
| | | zweites Schälen | Ackerfräse oder Federzinkengrubber |
| Zwischenfrucht C:N-Max oder Biodiversitäts-gemenge | | Saat | Sämaschine |
| Zuckerrübe | Frühjahr | Saatbettbereitung | Saatbettbereitungskombination, leichte Scheibenegge |
| | | Saat | Rübenlegemaschine |
| | Herbst | Rübenblatt mit Pflanzen-ferment einschälen | Federzinkengrubber |
| Winterweizen | | Saat | Sämaschine |
| | Sommer | Weizenstoppeln mulchen | Mulcher |
| | Spätsommer | Schälen | Ackerfräse |
| Zwischenfrucht Insect protect | | Saat | Sämaschine |
| Sommergerste | Frühjahr | Schälen | Ackerfräse |
| | | zweites Schälen | Ackerfräse oder Federzinkengrubber |
| | | Saat | Sämaschine |

**Tabelle 10:** Ein Beispiel für den regenerativen Kartoffelanbau für Verarbeitungsware. Im Betrieb werden außerdem Rüben und Mais angebaut, Getreide als Winterkultur und Ausgleichsfrucht nur auf ca. ¼ der Anbaufläche.

| Kultur | Jahreszeit | Arbeitsgang | Gerät |
|---|---|---|---|
| Kartoffeln | Frühjahr | Schälen | Ackerfräse |
| | | Pflanzbett vorbereiten | Grubber mit Schmalscharen |
| | | Unterbodenlockerung | Unterbodenlockerer oder modifizierter Grubber |
| | | Legen | All-in-one Legemaschine |
| Zwischenfrucht | Sommer | Erntespuren einebnen | Grubber |
| | | Säen: nach Frühkartoffeln: Dominanzgemenge | Drillmaschine |
| | Herbst | Unterbodenlockerung | Unterbodenlockerer oder modifizierter Grubber |
| | | Säen nach späteren Reifegruppen und nach Dominanzgemenge: Wintergrün | Drillmaschine |
| Mais | Frühjahr | Mulchen und Schälen | Mulcher, Ackerfräse |
| | | Bei Bedarf: Saatbettbereitung | Grubber |
| | | Mais legen mit Fahrgassen | Maislegemaschine |
| | | Untersaat säen | In die Gülle eingemischt, mit der Spätbegüllung |
| | Herbst | Maisstoppeln mulchen | Mulcher |
| | | Schälen | Ackerfräse |
| Wintergetreide | | Getreide säen | Drillmaschine |
| | Spät-Herbst oder zeitiges Frühjahr | Untersaat säen | Pneumatische Sämaschine, ggf. kombiniert mit Striegel oder Saatwalze |
| | Sommer | Stoppeln mulchen | Mulcher |
| | Spätsommer | Schälen | Ackerfräse |
| | | Unterbodenlockerung | Unterbodenlockerer oder modifizierter Grubber |
| Zwischenfrucht C:N-Max | | Säen | Drillmaschine |
| Zuckerrüben | Frühjahr | Saatbettbereitung | Geeignete Scheibenegge und/oder Saatbettbereitungsgerät |
| | | Rüben säen | Rübenlegemaschine |
| | Herbst | Rübenblatt einarbeiten | Grubber |

# 5 Pflanzenfermente einsetzen

In der Regenerativen Landwirtschaft kommt es vor allem darauf an, das Bodenleben zu fördern, also mit Nahrung (und damit Energie) zu versorgen.

Sie unterstützen dies durch die möglichst vollständige Ausnutzung der Vegetationszeit mit wachsenden Pflanzen – Ihren Kulturen und den Gründüngungen. Die Wurzelausscheidungen der wachsenden Pflanzen sind eine große Energiequelle für die Bodenmikroben (Jones 2017), deswegen findet man die höchste mikrobielle Konzentration an den Wurzeln. Die Zusammensetzung der Pflanzenarten, die sie anbauen (oder die sich natürlich als „Unkraut" einstellen) steuert die Bodenmikroben.

Wenn Sie eine Kultur etablieren, ist aber zunächst der saubere Acker unerlässlich. Während der Bodenbearbeitung wird das Bodenleben daher nicht von den energiereichen, zuckerhaltigen Wurzelausscheidungen der Pflanzen ernährt und nicht durch Pflanzen gesteuert. Dies führt zur Verschiebung der Stoffwechselprozesse. Für die Bodenorganismen ist weniger Energie für einen reduktiven, aufbauenden Stoffwechsel vorhanden, es wird die vorhandene organische Bodensubstanz abgebaut.

Viele Arten der Boden-Mikroorganismen haben mehrere Stoffwechselwege. Bei Energiemangel im Boden während der Bearbeitung „bedienen" sie sich an organischer Bodensubstanz. Diese wird oxidativ zu $CO_2$ und Stickstoff in mineralischer Form, z. B. Nitrat, abgebaut. Oxidativ bedeutet nicht nur, dass dieser Abbau bei Luftzutritt erfolgt, es bedeutet auch, dass der Abbau durch Energieentzug aus der organischen Bodensubstanz erfolgt (siehe Kapitel 5.4: Fäulnis im Boden vermeiden). Und da während der Bodenbearbeitung keine Pflanzen auf den Feldern stehen, die diese Nährstoffe aufnehmen könnten, steigt die Verlustrate an.

Je länger Sie die Phase unbewachsenen Ackers zwischen den Kulturen ausdehnen, umso stärker ist der Humus- und Nährstoffverlust.

**Wie können Sie diese komplexe Problemlage lösen?**
Ein zentrales Werkzeug der Regenerativen Landwirtschaft ist die Verwendung von Pflanzenfermenten bei der Bodenbearbeitung.
Der Begriff „Ferment" bedeutet hierbei zweierlei: Die beim Ansatz verwendeten Pflanzen enthalten Enzyme, die auch im Boden weiter aktiv sind und die Gärungs-Mikroben bilden ebenfalls Enzyme, die den Bodenstoffwechsel steuern. Damit kann das Ausbringen von Pflanzenfermenten fehlende frische organische Substanz ausgleichen und gleichzeitig den Boden mit biologisch aktiven Mikroben anreichern.

Durch die antioxidative Wirkung der Pflanzenfermente (Hoffmann 2007) kann der Abbau der organischen Bodensubstanz reduziert werden. Antioxidative Wirkung bedeutet, dass die Bodenmikroben am Stoffwechselweg „organische Bodensubstanz abbauen – Energie daraus gewinnen“ gehindert werden. Es ist ein Schutz vor Verderb, ähnlich wie bei der milchsauren Konservierung von Gemüse in der Küche.

Die milchsauren Pflanzenfermente haben eine fördernde Wirkung auf das Bodenleben:

- Man geht davon aus, dass sie mit ihrer antioxidativen Wirkung der Entstehung von überschüssigen von freien Radikalen in den Stoffwechselprozessen des Bodens entgegenwirken. Fehlt den Bodenmikroben Nahrung, kann es zur Ausbildung von zu vielen freien Radikalen kommen.
- Die Vermeidung zu vieler freier Radikale im Bodenstoffwechsel führt zum Anstieg der mikrobiellen Vielfalt und damit Leistungsfähigkeit. Sie sehen es an der Zunahme der Bodengare.
- Die ansteigende mikrobielle Vielfalt führt zur besseren Einbindung freier Nährstoffe in die mikrobielle Körpersubstanz. Sie merken es am abnehmenden Keimreiz für Unkräuter.
- Die höhere mikrobielle Vielfalt fördert durch Enzymbildung im Boden krankheitsunterdrückende Eigenschaften des Bodens. Enzyme reagieren empfindlich auf oxidative Bedingungen, deshalb werden sie nur im antioxidativ gesteuerten Bodenstoffwechsel (oder unter Pflanzen) gebildet. Sie sehen es später an der weißen Halmbasis bzw. am weißen Wurzelhals der neu auflaufenden Kulturen.
- Die Anwendung von Pflanzenfermenten kann das Milieu für die Bodenmikroben bei ungünstigen Bedingungen verbessern. Diese halten Kälte oder Trockenheit besser aus, wenn Pflanzenfermente verwendet wurden. Wenn nach der Schälung mit Fermenten noch Nachtfröste kommen, nehmen daher die Pflanzenverluste ab.

**Die praktische Anwendung von Pflanzenfermenten zeigt, dass sie den Rotteprozess verbessern, Fäulnis im Boden verhindern, die Mikroflora positiv beeinflussen oder neu aufbauen und das Auftreten von Unkräutern und Krankheiten eindämmen.**

Mit den Pflanzenfermenten kombinieren Sie mehrere Wirkfaktoren:

- Die antioxidative, fermentaktive Wirkung der Mikrobenkombination aus verschiedenen Bakterien und Hefen.
- Die sekundären Inhaltsstoffe aus den mitfermentierten Pflanzen.
- Milieufaktoren, wie dem Salz oder einem spagyrischen Präparat – diese werden beim Ansatz der Pflanzenfermente mit hinzugegeben.

**Abb. 54a** Starke „Erdhose" durch Feinwurzeln nach Fermenteinspritzung bei der Bodenbearbeitung.

**Abb. 54b** Ohne Feinwurzeln nach herkömmlicher Bodenbearbeitung ohne Fermenteinspritzung.

### Pflanzenfermente und Komposttee

**Pflanzenfermente**

Sie entstehen bei der milchsauren Fermentierung von frischen Pflanzen. Sie sind stabil, mehrere Monate lagerfähig und haben einen pH-Wert von < 3,8. Pflanzenfermente werden vorrangig zur Rotteförderung bei der Schälung und Unterkrumenlockerung mit 100 l/ha verwendet. Auch bei anderen Bodenbearbeitungsgängen, wie z. B. dem Pflügen, können sie die Garebildung verbessern und neue Verdichtungshorizonte vermeiden.

**Komposttee**

Ist ein Ansatz aus vermehrten Kompost-Mikroben. Der Ansatz muss frisch verwendet werden, da er nicht lange haltbar ist. Der Komposttee hat einen pH-Wert von ca. 7,5. Komposttee wird vorwiegend für die Blattbehandlung von Pflanzen verwendet. Komposttee wirkt mit Aufwandmengen zwischen 20 und 50 l/ha anregend auf Pflanzen. Wenn bei Stress (z. B. Trockenperioden) die Fotosyntheseleistung eingeschränkt ist, lässt die Komposttee-Blattanwendung die Assimilatbildung wieder ansteigen (siehe Kapitel 6). Komposttee-Anwendungen von 100 bis mehreren 100 l/ha haben in etablierten, wachsenden Kulturen eine zusätzliche, anregende Wirkung auf das Bodenleben (Vitalisierung). Dadurch steigt die Nährstoffverfügbarkeit für die Kultur, das kommt einer Düngung nahe.

**Komposttee + Pflanzenferment**

In breitblättrigen Kulturen aus den Familien der Nachtschattengewächse, Kreuzblütler, Doldenblütler und bei Körnerleguminosen hat sich bewährt, die Komposttee-Anwendung mit der gleichen Aufwandmenge Pflanzenferment zu ergänzen. Die Aufwandmengen liegen bei 20–50 l/ha Komposttee + 20–50 l/ha Pflanzenferment + mineralische Zusätze.

**Kurzfassung für die tägliche Praxis**

- Das Ausbringen milchsaurer Pflanzenfermente bei der Bodenbearbeitung verhindert die Fäulnis der eingearbeiteten Gründüngung.
- Pflanzenfermente reduzieren den Abbau der noch vorhandenen organischen Bodensubstanz, wenn wegen der Bodenbearbeitung der Acker nicht bewachsen ist.
- Pflanzenfermente fördern die Humusbildung, damit reduzieren sie den gasförmigen Verlust von Kohlenstoff und die Auswaschung der Nährstoffe.
- Keimlingserkrankungen nehmen im fermentierten Boden ab, die Jugendentwicklung der Kulturen verläuft schneller.

## 5.1 Pflanzenfermente selbst herstellen

Fermente, die bei der Bodenbearbeitung mit eingespritzt werden, müssen mit einer Mindest-Aufwandmenge verwendet werden. Dies ist notwendig, um den Quorum-sensing-Effekt (siehe Kapitel 8.3) auszulösen, also eine mikrobielle Mindestkonzentration im Boden zu erreichen, damit dieser Effekt auftritt.

Die Anwendung von Fermenten aus selektierten Bakterienstämmen (z. B. EM-aktiv) bei der Bodenbearbeitung ist seit drei Jahrzehnten bekannt, konnte sich aber in der Breite nicht durchsetzen. Es ist die gleiche Zusammensetzung für die unterschiedlichsten Böden und damit mikrobiellen Situationen im Boden verwendet worden. Das betriebstypische Unkrautauftreten weist aber darauf hin, dass unterschiedliche Verluste in der Vielfalt der Bodenmikroben durch Bodenbearbeitung und Anbau entstanden sind. Diese sind für Ihren Betrieb individuell. Daher ist die Einbeziehung „Ihrer“ Unkräuter bei der Herstellung eines Fermentes die passende Lösung für Ihren Betrieb.

### Ferment „Bodenverjünger“

Unter den im Handel erhältlichen Fermenten diverser Zusammensetzung hat sich der „Bodenverjünger“ bei der Bodenbearbeitung am meisten bewährt. In diesem Ferment für die Rotteförderung sind bereits im Starter geeignete Pflanzenauszüge enthalten.

Mit der Verwendung des „Bodenverjüngers“ haben Sie eine gesicherte Keimdichte an Mikroben im Fermentansatz und Sie können auch die Wildpflanzen Ihres Betriebes mit fermentieren. Sie nutzen auf diesem Weg das aktuelle Fermentations-Know-how und die gleichbleibende kommerzielle Qualität und verbinden dies mit den natürlichen Ressourcen Ihres Standortes.

Die Wirkung des Fermentes ist so deutlich, dass schwankende Anwendungsbedingungen wie unterschiedliche Bodenqualitäten, schlechtes Wetter nach der Schälung, ungenaue Maschineneinstellung und zu leichter Boden weitgehend ausgeglichen werden.

Den „Bodenverjünger“ gibt es in drei Varianten: als Starterpaket für den Selbstansatz, als gebrauchsfertige Lösung, wenn Sie keine Möglichkeit zum Ansetzen haben, und für den Ansatz sehr großer Chargen als „Bodenverjünger“-Konzentrat. Die Aufwandmenge bei der Bodenbearbeitung beträgt 100 l/ha, bei sehr hoher Menge Biomasse (> 30 t/ha Frischmasse) nimmt man 150 l/ha (siehe Bezugsquellen).

Ein Ansatz mit dem Starterpaket für 1000 l „Bodenverjünger“ enthält:

- 40 l Starterferment
- 30 l Zuckerrohrmelasse
- 1 kg Braunalgenpulver
- 3 kg Steinsalz
- 1 l Greengold
- 1 l Huminstoffe
- 10 ml Spagyrisches Präparat

Der Ansatz erfolgt mit auf 30–35 °C temperiertem, sauberen, chlorfreiem Wasser. Für das Starterpaket benötigen Sie einen beheizbaren Container, z. B. einen 1000 l-IBC mit Heizmatte und Thermohaube. Sie können auch in einem geeigneten isolierten warmen Raum, in dem die Temperatur des vollen IBC-Containers für mindestens sieben Tage stabil bei mindestens 30 °C gehalten werden kann, fermentieren. Der Container und der Raum sollten leicht zu reinigen sein.

Außerdem werden 30 l (oder mehr) frische Pflanzen für den Ansatz gebraucht (siehe nächsten Abschnitt: Pflanzen sammeln).

**Abb. 55** Starterpaket „Bodenverjünger“.

Benötigte Geräte für den Ansatz:

- IBC Container 1000 l – neu oder absolut sauber. Container mit größerer Öffnung (mindestens 22,5 cm oder größer) sind leichter zu reinigen.
- IBC-Heizmatte und Thermohaube oder ein Heizlüfter.
- Großer, neuer Kartoffel/Zwiebel-Netzsack (Raschelsack) zum Einsammeln der Pflanzen.
- Teststreifen für den pH-Wert (Testbereich pH 3,0–5,2).
- Thermometer

Beim Selbstansatz sollte die Zuckerrohrmelasse einen Tag vorher auf mindestens Raumtemperatur vorgewärmt werden, denn kalte Melasse lässt sich nicht ausgießen. Begonnen wird mit dem Füllen des IBC mit Wasser auf ca. 2/3 des Volumens. Während des Füllens wird die Melasse mit eingegossen. Sie können wärmeres Wasser als 30–35 °C verwenden, um die Melasse besser aufzulösen. Eine Rührmaschine mit einem schraubenförmigen Quirl, wie sie Maler verwenden, ist hilfreich. Das Steinsalz und das Greengold können während des Füllens ebenfalls dazugegeben werden.

Bevor Sie die anderen Stoffe zugeben, sollte die Mischung im Container exakt 30 °C haben. Ein Toleranzbereich bis 35 °C ist möglich. Die Mischung sollte sich beruhigen können. Dann wird das Spagyrische Präparat dazugegeben. Man geht davon aus, dass das homöopathische Mittel für das kooperative Zusammenwirken der Vielfalt der Mikroben sorgt, deswegen wird es vor den anderen lebenden Materialien verwendet. Dann folgen die Huminstoffe, das Braunalgenpulver und die beiden Kanister mit dem Starterferment. Zuletzt hängen Sie den Sack mit den frischen Pflanzen und einem Stein darin an einem sauberen Strick ein. Dann füllen Sie den Container bis knapp unter den Deckel mit temperiertem Wasser auf. Nach dem Zuschrauben wird der Deckel eine Vierteldrehung wieder geöffnet, sodass das $CO_2$ entweichen kann. Zuletzt wird der Container gekennzeichnet, vor allem wenn mehrere Fermentansätze gemacht worden sind.

Ist der pH-Wert nach ca. einer Woche unter 3,8 gesunken, ist der Fermentationsvorgang abgeschlossen. Sie können den Container jetzt auskühlen lassen. Wenn Sie das fertige Pflanzenferment nicht gleich verwenden, können Sie den Pflanzensack bis zu acht Wochen darin hängen lassen. Er sollte unter der Flüssigkeitsoberfläche hängen, um Schimmelbildung durch Aufschwimmen zu vermeiden. Deshalb sollte der Stein im Sack schwer genug sein. Verwenden Sie keinen Kalkstein, dieser löst sich auf.

### Pflanzen sammeln

Gesammelt werden Triebspitzen und Blüten, denn sie entfalten die größte Wirksamkeit. Alte, beschädigte Blätter und die unteren Blätter, an denen Erde anhaften kann, werden nicht gesammelt.

**Abb. 56** Für die Fermentation gesammelte Pflanzen.

**Abb. 57** Friedrich Wenz, mit dem die Anwendung von Pflanzenfermenten gemeinsam entwickelt wurde, beim Einhängen eines Raschelsackes, gefüllt mit Pflanzenmaterial.

Wenn Sie sammeln gehen, sollten die Pflanzen, die Ihnen „entgegenwachsen“, bevorzugt werden. Gerade die konkurrenzstarken Unkräuter auf Ihren Feldern sind ein wertvolles Werkzeug für den Ansatz des Pflanzenfermentes. Außerdem sollten immer Brennnessel- und Beinwellblätter dabei sein. Wenn möglich, sammeln Sie auch die biodynamischen Präparatepflanzen: Schafgarbenblüten, Kamillenblüten, junge Eichentriebe, Löwenzahnblüten und Baldrianblüten.

Des Weiteren können Sie die Heil- und Gewürzpflanzen aus dem Küchenkräutergarten verwenden. Deren Inhaltsstoffe wirken auch in Pflanzenfermenten positiv auf das Stoffwechselgeschehen des Bodens ein. Gehölze, besonders die mit Pionierpflanzencharakter, können Sie ebenfalls in die Sammlung mit aufnehmen. In der Hecke stehen Hasel, Holunder, Hartriegel, Heckenrosen. Am Waldrand finden Sie Birke, Buche, Linde, Robinie und Eichenjungbäume.

Auszüge von Thuja, Eibe und Nadelbäumen sind für die Fermentation zur Bodenverbesserung nicht geeignet.

Bei den Kulturpflanzen ist die Auswahl meist übersichtlich: Am ehesten sind noch blühende Gemüsepflanzen wie Rhabarber, geschossener Salat, Kohl- und Zichoriengewächse und Artischocken verwendbar.

Auch bei den Kulturpflanzen auf den Feldern finden Sie Arten, die es lohnt zu sammeln. Dort kommen Luzerne und die Pflanzen der blühenden Zwischenfruchtbestände infrage.

**Tabelle 11:** Eine Auswahl von Sammelpflanzen.

| Wo finde ich was? | Gruppen, Familien und Arten | Was bewirken sie? |
|---|---|---|
| primäre Pionierpflanzen in der Umgebung | Kreuzblütler: Schaumkraut, Hirtentäschel, Acker-Hellerkraut<br>Lippenblütler: Ackerhohlzahn, Taubnessel, Minzen, Salbei, Günsel<br>Doldenblütler: Kerbel, Baldrian, Wasserdost, Wiesenbärenklau<br>Korbblütler: Beifuß, Rainfarn, Greiskraut, Wegwarte, Löwenzahn, viele blühende Unkräuter<br>Nelkengewächse: Vogelmiere, Lichtnelke, Seifenkraut, Leimkraut, Ackerspörgel<br>wild wachsende Leguminosen: Wicken, Platterbsen, Ginster | vielfältige sekundäre Inhaltsstoffe wie ätherische Öle, Alkaloide, Terpene, Blütenfarbstoffe und Bitterstoffe wirken antioxidativ und verhindern Nährstoffverluste |
| Kräuter in Hofnähe | Brennnessel, Beinwell, Schafgarbe, Kamille, Löwenzahn | fördern Bakterienarten für pflanzenabrufbare Nährstoffspeicherung im Nährhumus |
| Ölpflanzen und Gewürzpflanzen im Küchengarten | Salbei, Thymian, Oregano, Liebstöckel, Basilikum, Knoblauch, Fenchel, Koriander, Dill, Baldrian | wirken antioxidativ, fördern die Vielfalt der Bodenpilze und unterdrücken Schaderreger aus dem Boden |
| Unkraut, das Einem auf dem Acker und der Wiese entgegen wächst | Vogelmiere, Kornblume, Gänsefuß, Klettenlabkraut, Milchdisteln, Knöterich-Arten, Stiefmütterchen, Storchschnabel<br>Ampfer, Ackerkratzdistel, Huflattich | passen spezifisch zur Mikroflora des Standortes und sind wichtige Vitaminquellen |
| Pioniergehölze aus der Hecke, Pionierbäume | Hasel, Birke, Heckenrose, Hartriegel, Holunder, Birke, Linde, Buche, Eiche, Robinie | fördern Bodenpilze und Aktinomyceten, unterstützen die Humusbildung; sind wichtige Vitaminquellen |

**Kurzfassung für die tägliche Praxis**

- Milchsaure Pflanzenfermente, die Sie selbst herstellen, beziehen die sekundären Inhaltsstoffe Ihrer betriebsindividuellen Unkräuter mit ein. Machen Sie sich Vitalität der Unkräuter zunutze.
- Bereiten Sie einen geeigneten Arbeitsplatz für die Herstellung der Pflanzenfermente vor.
- Achten Sie auf größtmögliche Sauberkeit.
- Da das Pflanzenferment einige Monate haltbar ist, können Sie den Bedarf für die Herbst- und Frühjahrsbodenbearbeitung im Sommer ansetzen, wenn das Pflanzensammeln einfach und das Temperieren der Behälter leicht ist.

## 5.2 Wirtschaftsdünger fermentieren

Wenn in Ihrem Betrieb Wirtschaftsdünger anfallen (z. B. durch Tierhaltung), ist die belebende Nachbehandlung und Lagerung ein zentraler Bestandteil der das Bodenleben regenerierenden Landwirtschaft. Die Wirkung fermentierter, belebter Wirtschaftsdünger geht über reduzierte Nährstoffverluste weit hinaus:

- Ihre Böden und Grünlandbestände regenerieren sich. Der Druck durch „Stickstoff-Unkräuter", wie Ampferarten, nimmt ab.
- Die Qualität des Grundfutters nimmt zu. Kleearten wachsen wieder.
- Der Stickstoffaustrag ins Grundwasser nimmt ab.
- Wenn Sie die fermentierten organischen Dünger ausbringen, werden weniger Ammoniak und Schwefelwasserstoff frei; es stinkt nicht mehr. Und die organischen Verbindungen, die sich sonst gasförmig verflüchtigen, kommen als Nährstoff für Ihre Kulturen in den Boden.
- Sie können bei schönem Wetter fahren und verringern damit die Spurschäden.
- Infektionskreisläufe, z. B. mit *Chlostridium botulinum*, werden unterbrochen.
- Blattverbrennungen und Futterverschmutzung durch schlechte Viskosität nehmen ab.
- Bei Trockenheit bleiben die Futterbestände viel länger grün.

### Gülle beleben durch Fermentieren

Gülle ist als Flüssigmist ein ebenso wertvoller organischer Dünger wie die anderen Wirtschaftsdünger. Gülle neigt als eiweißbetontes Material besonders zum Faulen (oxidative Zersetzung – siehe Kapitel 5.4). Deshalb können Sie den Wert der Gülle nur in Bodenbelebung und damit Ertragsleistung umsetzen, wenn Sie die Gülle in ein reduktives mikrobielles Milieu überführen. Die sichtbare Wirkung ist zunächst die Abnahme der Schwimmschicht im Behälter, die dunkle Farbveränderung, die leichte Schaumbildung und die Abnahme des Geruchs. Die Gülle wirkt beim Rühren viskoser.

Nicht fermentierte Gülle bringt nicht nur eine enorme Nährstofffracht in wasserlöslicher Form in den Boden und die Kultur. Die Nährstofffracht aus der Gülle reduziert die Mikroflora, die dominante Abbauflora aus der Gülle verstärkt diesen Effekt, und im Boden nimmt die organische Substanz ab. Nach einer Düngung mit unbelebter Gülle enthält der Boden daher mehr freigesetzte Nährstoffe, als gedüngt wurden. Das ist der Priming Effekt. Die Verlustrate ist hoch, besonders auf sandigen Böden. Damit nicht genug löst das eine Alkohol- und Phenolbildung im Boden aus. Beide Stoffe sind als Desinfektions- und Lösemittel bekannt und schädigen die Mikroflora des Bodens zusätzlich. Es reicht noch immer nicht: Alkohole und Phenole im Boden fördern das Zusammenziehen des Bodens, die passive Verdichtung. Und so sehen Gülleböden auch aus, wenn im tierhaltenden Betrieb die Güllebelebung unterschätzt wird.

**Diese Nährstofffracht aus unbelebter Gülle, noch dazu bei Gülledüngung auf unbewachsenem Boden (wie weit verbreitet üblich), löst einen massiven Keimreiz für Unkräuter aus. Deswegen ist die Belebung der Gülle in tierhaltenden Betrieben so wichtig.**

Die mikrobielle Stabilisierung des Mistes, dem Grundstoff der Gülle, beginnt mit bester Grundfutterqualität, z. B. mit fermentativer Grundfutteraufbereitung, also Silieren und Heupressen mit Fermenteinspritzung an Häcksler oder Presse. Wegen der Forderung nach Rückverfolgbarkeit bei Futtermitteln dürfen für diese Anwendungen nur kommerzielle Fermentprodukte (z. B. „Chiemgauer Fermentierter Kräuterextrakt CFKE“) verwendet werden. Fermente sollten bei der Silierung mit mindestens 1 l/t Siliergut als Silierhilfsmittel angewendet werden.

**Abb. 58** Stallluftkonditionierung mit CFKE (Chiemgauer fermentierter Kräuterextrakt, z. B. aus dem Rosenheimer Projekt, Chiemgau).

Wenn Sie bei der Fütterung Ferment mit verwenden, sowie Zeolith und Futterkohle als Toxinbinder, kann der Stoffwechsel der Tiere stabil gehalten werden. Algenkalk, z. T. mit energetisiertem Zusatz, ist als mineralischer Futterzusatz in Gebrauch.

Die Stallluftkonditionierung durch automatisiertes Versprühen von Fermenten mit einer Nimbatus-Anlage als ein Bestandteil der mikrobiellen Stabilisierung des Mistes ist wenig aufwendig und hat sich

**Abb. 59** EM-aktiv wird in die Gülle eingemischt.

**Abb. 60** Zugabe von aktivierter Pflanzenkohle in das Güllelager.

bewährt. Sie erreichen einen mehrfachen Nutzen: Die Tiere sind ruhiger, die Stallluft weniger mit Ammoniak belastet und die Fliegenplage nimmt ab.

Eine möglichst frühe Beimpfung der Gülle mit Pflanzenferment oder anderen Präparaten über die Spalten, in den Querkanal oder in die Vorgrube, verbessert die Wirkung. Die Erstbeimpfung können Sie am besten zur Wirkung bringen, wenn Sie diese bei leerem Güllebehälter in den Restbestand mit etwas erhöhter Aufwandmenge einbringen. Eine wöchentliche oder regelmäßige Nachbeimpfung verbessert die Wirkung.

Füttern Sie extensiv, kann der Rest-Energiegehalt in der Gülle so niedrig sein, dass die zugesetzten Mikroben schlicht „nichts zu fressen" haben. Dann ist es sinnvoll, bei der Erstbeimpfung bei leerem Güllelager die gleiche Menge Melasse dazuzugeben.

Gärrest aus den Biogasanlagen kann mit den gleichen Rezepturen fermentiert werden. In der Regel ist der Gärrest bei der Übergabe in das Endlager wärmer als Gülle, und daher besonders einfach zu fermentieren. So wird die Auswirkung der salzartig wirkenden, wassergelösten Nährstoffe abgemildert. Die auf Abbau der organischen Substanz spezialisierte Mikroflora aus dem Stoffwechsel des Fermenters kann durch die Dominanzwirkung des mikrobiell wirksamen Zusatzes einen organische Substanz aufbauenden Stoffwechselweg ausbilden.
Eine bewährte Güllebelebung aus dem „Rosenheimer Projekt" ist:

- 1 l/m$^3$ EM-aktiv +
- 3–6 l Karbosave Pflanzenkohle +
- 30–40 kg RoPro-Lit Urgesteinsmehl.

**Abb. 61** Auf belebter Gülle bildet sich schnell Schaum. Die Mikroben darin beginnen den Gärungsstoffwechsel, dabei bildet sich $CO_2$. Die Gülle wird viskoser und schäumt.

In Oberbayern ist diese Variante weit verbreitet und hat sich etabliert.

Eigene Erfahrungen sollten beim Feststellen der wirksamen Aufwandmengen und Kombinationen gemacht werden. Die Wirkung der Pflanzenkohle und des Diabas-Mehls ist die Nährstoffbindung und damit Stressabbau für die Mikroben. Wenn Sie nach der Anwendung anderer, vielleicht kostengünstigerer Präparate keine Wirkung feststellen, sind diese Güllebelebungen zu teuer – Nährstoffverluste und Unkrautwuchs zeigen es an.

## Reduktive Mistkompostierung

Organische Wirtschaftsdünger neigen zur Fäulnis und damit zu Nährstoffverlusten. Auch anfallender Mist aus der Tierhaltung sollte daher mikrobiell stabilisiert werden. Sie können durch eine reduktive Kompostierung (reduktive Prozesse – siehe Kapitel 5.4) das Ausstreuen erleichtern. Der erste Handgriff kann, z. B. im Tiefstall, das wöchentliche Einstreuen von

- 0,5 kg/t kohlensaurem Kalk fein vermahlen,
- 1 kg/t Naturgips,
- 1 kg/t Tonmehl oder Zeolith,
- 1 kg/t Huminsäure oder Rohbraunkohle sein.

Die bessere Dungqualität ist an der dunkleren Färbung erkennbar. Dieses Verfahren ist die „kalte Fermentierung" (Brunetti 2011).

Wenn Sie den Dung aus dem Stall schieben, sollte im Dunglager der Haufen oben eben ausgeformt werden. Regenwasser kann dadurch gleichmäßig eindringen. Sie verbessern die Rottequalität erheblich, wenn Sie mit der Laderschaufel oben Ordnung schaffen und daran anschließend etwas nachdrücken.

**Abb. 62** Nachdrücken des Miststapels mit der Laderschaufel.

**Die Mischung für einen reduktiven Mistkompost**

Wenn Sie den Dung verkompostieren wollen, sollte er von der Mistplatte noch einmal aufgeladen und über den stehenden Miststreuer gemischt werden. Sie können, wenn Sie einen Kompostwender haben, im Feldlager auch Dreiecksmieten abkippen und mit dem Wender mischen. Anschließend schiebt man mit dem Lader daraus Trapezmieten. Es wird ein ausreichend hoher Anteil an ligninhaltigem Strukturmaterial benötigt, ca. 2/3 des Volumens. Das andere Drittel soll eiweißhaltiges Material sein. Ein geringer Anteil an Tonmineralien (Erde) fördert die Rotte. Der Feuchtegehalt sollte während des Mischens mit Wasser auf ca. 50 % eingestellt werden. Der Stoffwechsel im Mistkompost ist bakterieller Art, daher ist zu trockener Kompost der häufigste Grund für ausbleibende Rotte. Wenn Sie am Miststreuer oder Wender nachwässern, können Sie über diesen Weg Pflanzenfermente oder einen anderen Rottestarter einmischen. Das beschleunigt die Rottedauer deutlich. Sie können in den Folgejahren auch alten Kompost als Rottestarter einmischen.

Die Oberfläche der reduktiven Kompostmiete sollte ebenfalls eben und glatt ausgeformt werden. Eine leichte Rückverdichtung mit der Laderschaufel ist auch hier von Vorteil. Dreiecksmieten neigen im Inneren zum Austrocknen durch den „Kamineffekt". Wenn Sie mit dem Seitenrohr die Miete mit Gülle einhüllen, verhindern Sie gasförmige Verluste aus Rissen und Spalten, wenn sich die Miete setzt. Es ist bei dieser Arbeit immer wieder erstaunlich, wie viel Gülle so eine reduktive Miete schluckt – weil Wasser bei einem reduktiven Stoffwechselprozess eingebunden und nicht durch Mineralisierung zusätzlich freigesetzt wird.

Die Rotte kontrollieren Sie bei diesem Verfahren nur mit einem Mietenthermometer. Reduktive Komposte werden nur ca. 35–55 °C

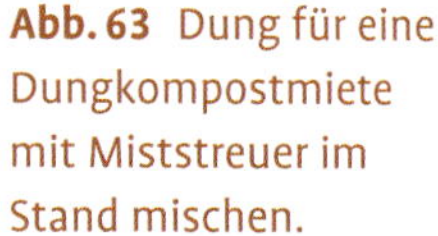
**Abb. 63** Dung für eine Dungkompostmiete mit Miststreuer im Stand mischen.

warm. Wird der Kompost wärmer, ist er zu trocken oder zu locker aufgesetzt. Er sollte nachgewässert werden. Wird er nicht warm, dann sollten Sie noch einmal umsetzen und neu beimpfen. Die Rottedauer kann 8–12 Wochen betragen. Es hängt von der Wirksamkeit der Beimpfung, vom Wasseranteil und der möglichst homogenen Mischung ab, wie schnell der reduktive Kompost rottet.

## Feststofffermente herstellen

Sie können frische organisches Material statt zu kompostieren auch fermentieren, ähnlich wie bei der Silageherstellung. Der Aufwand ist geringer, ebenso die Verluste, denn das Feststoffferment bleibt kalt. Die Huminstoffe entstehen durch die fermentgedüngten Kulturen, also nach dem Ausstreuen, im Boden. Die Herstellung von Feststoffferment ist statt der Kompostierung eine überlegenswerte Alternative, denn die fermentierte Biomasse ist ein gut wirksames Futter für das Bodenleben. Es ist ein „festes Pflanzenferment". Wenn Sie die Fermentierung Ihrer organischen Abfälle eingeführt haben, sehen Sie an der Garebildung im Boden den Unterschied zu Rohmist und geringer Kompostqualität. Der Nährstoffverlust durch den Priming-Effekt nimmt ab und Nährstoffe, die Sie nicht verlieren, bleiben im ansteigenden Humusgehalt gebunden. Die Humusbildung kann in einem Betrieb, der Feststoffferment statt Kompost düngt, stärker als in einem Kompostbetrieb ausfallen. Abnehmender Nährstoffverlust hat auch den angenehmen Nebeneffekt, dass der Unkrautdruck abnimmt, es gibt weniger ungebundene Nährstoffe im Boden. Es ist ein Kopfdünger, Sie sollten dieses Material also auch in wachsende Bestände streuen.

### Ausgangsmaterial

Für die Herstellung des Feststofffermemts wird meist gehäckseltes Grasmähgut oder Naturschutzschnittmaterial, leicht angewelkt wie beim Silieren und mit Pflanzenferment versetzt, verwendet. Das Material wird in gewölbten Mieten festgefahren und mit Kompost, Roggenkörnern oder auch Folie abgedeckt. Das Regenwasser muss ablaufen können. Auch Gemüseabfälle, Getreidereinigungsabfall, Kartoffel-Sortierabgang, Stroh, Pferdemist und Dünnholzhäcksel sind als Feststoffferment milchsauer stabilisierbar. Zu trockenes Material muss angefeuchtet werden: bis auf ca. 30 % Wassergehalt (feuchter Griff), wie z. B. der Abgang aus der Getreidereinigung.

Der Fermentationsvorgang ist, ebenso wie bei der Silierung von Futter, nach ca. 4 Wochen abgeschlossen. Dann ist der pH-Wert < 4 erreicht, die Miete hat Umgebungstemperatur und sinkt nicht ein. Ziehen Sie davon mit dem Silostecher Proben, hat das Material den typischen milchsauren Geruch, ist etwas nachgedunkelt und frei von Schimmelnestern. Finden Sie diese Merkmale nicht, war das Rohmaterial zu nass oder zu trocken, die eingemischte Fermentmenge nicht ausreichend oder möglicherweise auch die Fermentqualität unzureichend.

Eine einwandfreie milchsaure Vergärung erkennen Sie am zartgrünen Farbton im Material. Die Chloroplasten der Blätter sind noch erhalten. Ist das Material gelb, braun oder grau, haben Sie es höchstwahrscheinlich mit einer Essigsäurevergärung zu tun. Das tritt schnell auf, wenn die Ausgangsmaterialien zu wenig Nährstoffe enthalten und der Fermentzusatz zu gering war.

**Abb. 64** Fermentiertes Schilf.

**Abb. 65** Fermentierter Getreideabfall.

**Kurzfassung für die tägliche Praxis**

- Erhalten Sie den Wert Ihrer Wirtschaftsdünger, indem Sie sie beleben.
- Bevorzugen Sie milchsaure Stabilisierung der organischen Materialien.
- Die Wiederherstellung von Bodenleben, Humus und höchster Nährstoffdichte in der Ernte geschieht vor allem durch lebende Pflanzen auf dem Acker, nur begrenzt durch die Gabe organischer Dünger. Pflanzen reagieren aber positiv auf belebte organische Dünger.

## 5.3 Pflanzenfermente als Ergänzung zum Komposttee

Bei breitblättrigen Kulturen hat sich die Komposttee-Spritzung, ergänzt mit den flüssigen Pflanzenfermenten, besonders bewährt. Das betrifft vorrangig Kulturen aus den Familien der Nachtschattengewächse (Kartoffeln, Tomaten, Aubergine, Paprika), Kreuzblütler (Raps, Kohlgewächse), Korbblütler (Sonnenblumen, einige Gemüsearten) und Körnerleguminosen, wie Ackerbohnen, Erbsen und Soja.

Die Aufwandmenge sollte etwa gleich wie Ihre betriebsübliche Kompostteemenge sein. Ein Wasserzusatz ist möglich. Die mineralischen Komponenten sind ebenfalls möglich.

Im Kapitel 6 erfahren Sie, wie Sie durch Komposttee-Blattspritzungen Ihre Kulturen bei abiotischem Stress vitalisieren können.

## 5.4 Exkurs – Fäulnis im Boden vermeiden

Während des Stoffwechsels von Bodenlebewesen und Pflanzenwurzeln im Boden werden nicht nur Eiweiße, Kohlenhydrate und Fette (auch Pflanzenöle) ab-, um- und wieder aufgebaut, es läuft dabei gleichzeitig eine elektrochemische Reaktion ab. Diese ist als elektrische Spannung messbar und wird als Redoxpotential bezeichnet. Die dazu gehörigen Reaktionen heißen Redoxreaktionen. Beide Reaktionen laufen zusammen ab. Die Oxidation ist der Abbauteil des Stoffwechselprozesses, die Reduktion der aufbauende Teil (siehe Kasten „Redoxreaktion"). Humus entsteht, wenn der reduktive Teil des Stoffwechsels im Boden möglich ist. Da dieser Energiezufuhr erfordert, ist fehlende Humusbildung meistens die Folge von Energiemangel im Boden. Deswegen ist die Humusbildung aus Ernteresten, Stroh und Stoppeln bisher nicht gelungen. Sie sind arm an leicht umsetzbaren Stoffen; die Energie aus den an Cellulose reichen Ernteresten lässt sich für die Bodenmikroben nur schwer erschließen.

## Redoxreaktion

Im Stoffwechsel lebender Organismen werden gleichzeitig organische Stoffe abgebaut und aus den Abbauprodukten wieder aufgebaut. Der Teilschritt Abbau heißt Oxidation, der Aufbau Reduktion (Klüpfel et al. 2014).
Der Oxidationsprozess wurde zuerst an der Verbrennung organischer Substanz erkannt. Heute weiß man, dass es außer Sauerstoff auch andere Oxidationsmittel gibt. In Böden kann die Oxidation mit Sauerstoff (Atmung), Stickstoff (Denitrifikation), Mangan, Eisen, Schwefel, Methan oder Wasserstoff als Oxidationsmittel ablaufen (Stahr 2016).
Man erkennt die Abbau- und Aufbauprozesse an messbarer und beobachtbarer Nährstoff- und Energiefreisetzung, aber auch an Nährstoff- und Energieverlusten (eigene Beobachtungen und Messungen).
Der Teilschritt des Aufbauens heißt Reduktion. Dabei verketten sich niedermolekulare Stoffe wieder zu größeren Molekülen, es werden im Boden von den Organismen z. B. Humus und Eiweiße synthetisiert. Der Aufbau benötigt Energie und niedermolekulare Ausgangsstoffe. Am Energiebedarf bzw. der Energiespeicherung erkennt man die Reduktion. Auch dieser Teilschritt findet nicht immer in luftfreier Atmosphäre statt.
Die Begriffe „aerob“ und „anaerob“ reichen deshalb nicht aus, Abbau- und Aufbauprozesse im Bodenstoffwechsel zu erkennen. Man braucht dazu den Energiestatus des Stoffwechsels. Das sind die Messungen des Redoxpotentials in Volt und des pH-Wertes. Da das Redoxpotential bei Standardbedingungen gemessen wird und diese im Feld nicht herzustellen sind, beobachtet man, wie das Bodenleben-Pflanzen-System reagiert. Sie können das Redoxpotential des Bodens „sehen“.

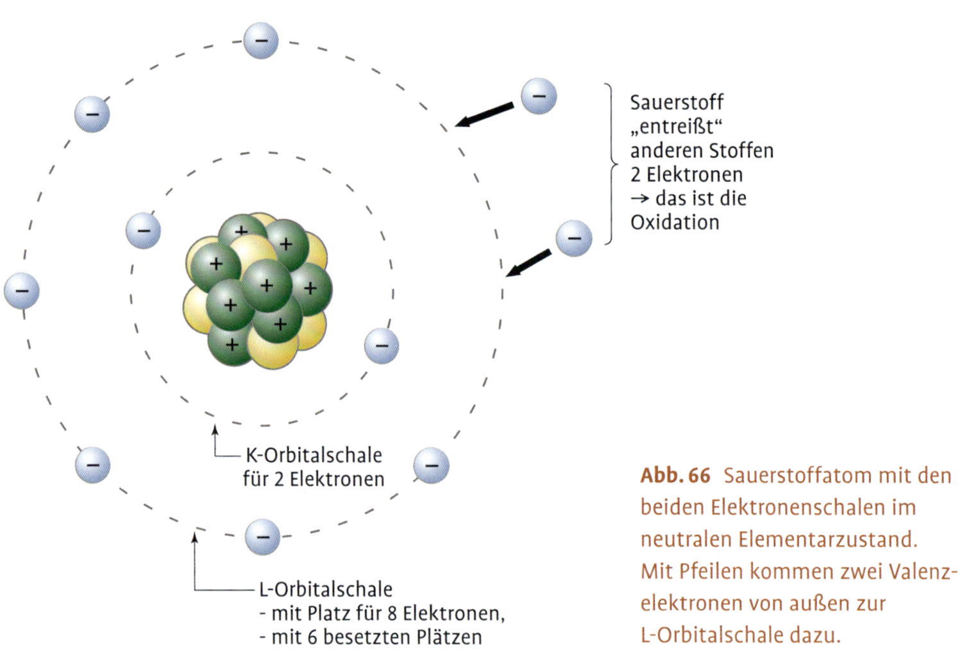


**Abb. 66** Sauerstoffatom mit den beiden Elektronenschalen im neutralen Elementarzustand. Mit Pfeilen kommen zwei Valenzelektronen von außen zur L-Orbitalschale dazu.

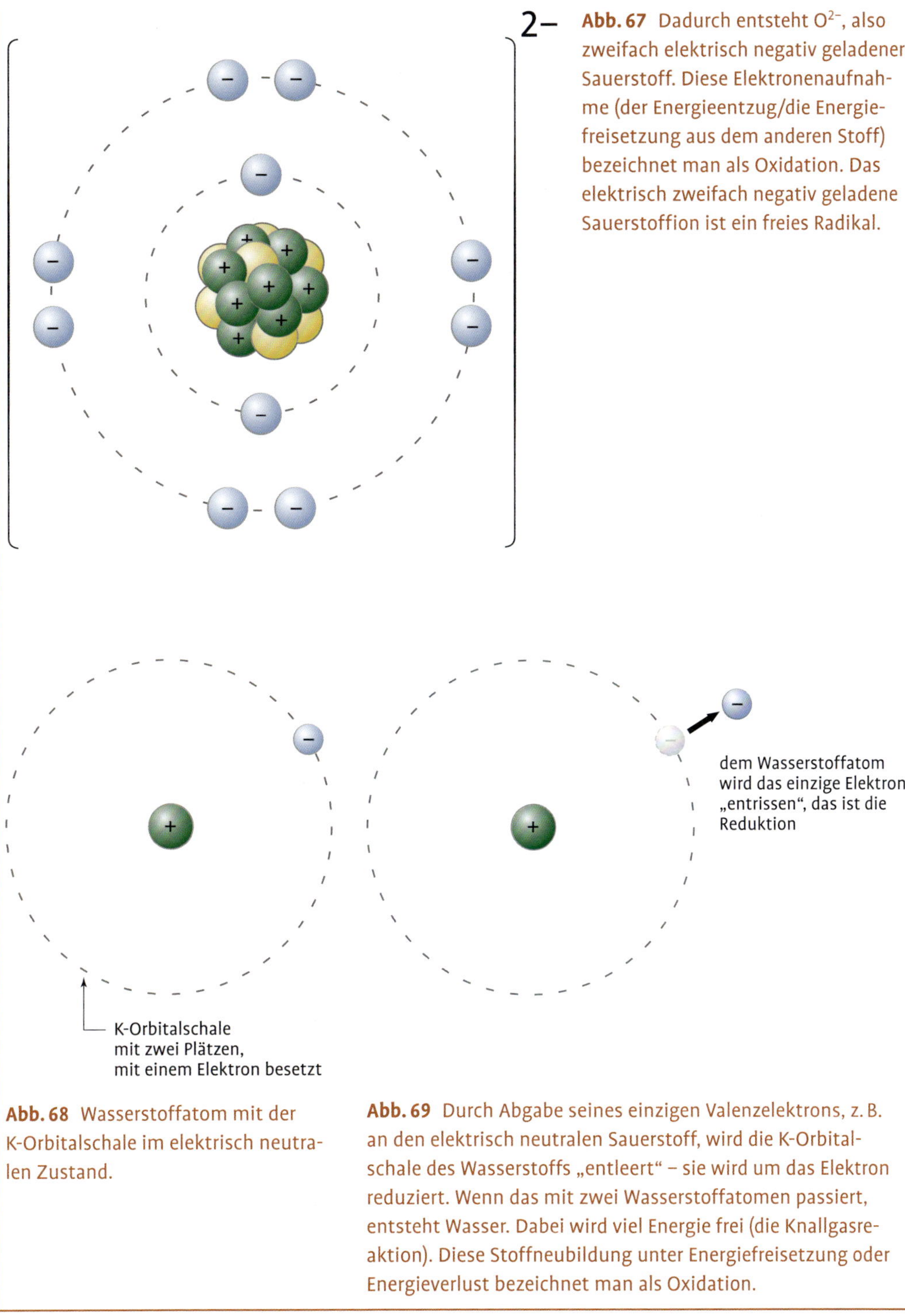


**Abb. 67** Dadurch entsteht $O^{2-}$, also zweifach elektrisch negativ geladener Sauerstoff. Diese Elektronenaufnahme (der Energieentzug/die Energiefreisetzung aus dem anderen Stoff) bezeichnet man als Oxidation. Das elektrisch zweifach negativ geladene Sauerstoffion ist ein freies Radikal.

**Abb. 68** Wasserstoffatom mit der K-Orbitalschale im elektrisch neutralen Zustand.

**Abb. 69** Durch Abgabe seines einzigen Valenzelektrons, z. B. an den elektrisch neutralen Sauerstoff, wird die K-Orbitalschale des Wasserstoffs „entleert“ – sie wird um das Elektron reduziert. Wenn das mit zwei Wasserstoffatomen passiert, entsteht Wasser. Dabei wird viel Energie frei (die Knallgasreaktion). Diese Stoffneubildung unter Energiefreisetzung oder Energieverlust bezeichnet man als Oxidation.

**Abb. 70** Faulender Boden auf dem Spaten.

Unter ungestörten biodiversen Bedingungen, also unter Mischwald oder Wiese, steuert sich der Bodenstoffwechsel selbst in das Gleichgewicht von Abbau und Aufbau organischer Substanz. Wenn Sie Ackerkulturen anbauen, sind das keine ungestörten Bedingungen, biodivers ist es meistens auch nicht. Dann neigt der während der Vegetationszeit immer ablaufende Bodenstoffwechsel zu dominanten Abbauphasen. Daraus entstehen die Nährstoff- und Humusverluste. Besonders stark wirkt der Abbau, wenn Ihre Böden lange unbewachsen sind, bearbeitet werden (vor allem ohne Anwendung des Pflanzenfermentes), die Kulturen „sauber" sind und die Zwischenfrüchte „eintönig" dastehen.

Anhaltender Abbau organischer Materialien bis zur Fäulnis entsteht also zuerst durch Nahrungs- und damit Energiemangel für die Bodenmikroben. Dies kann in Abwesenheit von Sauerstoff, aber auch bei Luftzutritt erfolgen.

Fehlen Pufferstoffe wie Kalk, Tonminerale oder Humus (neutrale Huminsäuren), verliert der Boden zuerst den Kohlenstoff durch den schnellen Abbau der einfachen Kohlenhydrate. Ist das C:N-Verhältnis dadurch enger als 10:1 (d.h. es sind wenig Wurzeln vorhanden, denn sie speichern Kohlenhydrate), reichern sich mikrobielle Eiweiße im Boden an. Dann wird der oxidative Fäulnisabbau organischen Materials durch die Bakterienflora dominant. Die dominante „Fäulnis"-oxidative Mikroflora mineralisiert das gesamte organische Material, bis Wasser, $CO_2$ und $CH_4$ und kurze organische Verbindungen (die typischen Fäulnisgerüche) entstehen. Weil dabei auch Wasser entsteht, werden faulende Substanzen nass, der Boden trocknet nicht mehr normal ab. Dieser Abbauprozess führt zu ansteigender Nitrat- und Kaliumkonzentration im Boden. Kulturen können diesen Nährstoffanstieg gut sichtbar nutzen, man sieht es am sprossdominanten Wachstum. Aber ihre Qualität leidet unter dem dominanten Abbau im Boden. Sie merken es an geringer Widerstandskraft gegenüber Krankheiten und fehlendem Geschmack, besonders, wenn Ihre Kultur Gemüse ist.

Bestimmte Unkräuter erhalten ihren Keim- und Wachstumsreiz aus der abbaubedingten Nährstofffreisetzung (Astera 2010) und breiten sich unter diesen Bedingungen rasch aus (siehe Kapitel 6.5: Vitalisierung der Kulturen kann Unkraut unterdrücken).

Am Beginn des Umsteuerns aus dem Abbau der organischen Bodensubstanz sind neben den Pflanzenfermenten die mineralischen Pufferstoffe kohlensaurer Kalk, Tonmehle oder Zeolith und die Huminsäuren als Toxinbinder von entscheidender Bedeutung. Beobachten Sie, vor allem auf leichten Standorten und auf Böden mit geringer aktueller Austauschkapazität (weniger als 70 % der potenziellen Austauschkapazität), zu wenig Wirkung Ihrer Gare bildenden Maßnahmen, dann sollten Sie mineralische Pufferstoffe hinzugeben:

- Geringe Mengen hochreaktiven kohlensauren Kalk als Kopfkalkung.
- Fein gemahlenes granuliertes Zeolith, vor allem vor der Flächenrotte.
- Huminsäuren, bevorzugt in den Boden bei der Fermentanwendung.

Messungen des Redoxpotenzials sind im Freiland schwierig. Sie erkennen die Auf- und Abbauprozesse des Bodenstoffwechsels aber sehr gut am Boden auf dem Spaten und direkt an den Pflanzen:

**Tabelle 12:** Feststellen der Bodenqualität am Spatenausstich.

| Abbau, „Oxidation“ im Boden | Aufbau, „Reduktion“ im Boden |
|---|---|
| Der Boden ist schmierig, besteht aus eckigen Klumpen, er fühlt sich nass und kalt an. Es gibt Schichten und Sohlen. | Es bilden sich gleichmäßige, meist runde Krümel. Der Übergang zum Unterboden ist fließend. |
| Der Boden ist fleckig, gelb, braun, violett und grau durcheinander. | Einheitliche Farbe oder gleichmäßiger Farbverlauf im Boden. |
| Die Bodenprobe auf dem Spaten ist geruchlos, manchmal stinkt sie. | Der Boden riecht angenehm nach Walderde oder Karotten und stinkt nicht. |
| Verdichtungen nehmen zu und sind gut mit der Sonde zu spüren. Vorhandene Horizonte lösen sich nicht auf. Es werden mehr Verdichtungshorizonte. Mit der Sonde spüren Sie den „Sandwicheffekt“. | Verdichtungshorizonte werden weicher und verschwinden langsam. |
| Der Boden nässt. Pfützen bleiben auf dem Acker lange stehen, auch wenn es nicht regnet. Beim Herausziehen der Bodensonde macht es „plopp“. | Der Boden fühlt sich feucht an, nicht nass, auch wenn es geregnet hat. Keine Pfützenbildung, auch nicht bei starkem Regen. |

**Tabelle 13:** Feststellen der Bodenqualität an den Pflanzen im Bestand.

| Wirkung der „Oxidation" (Abbauprozesse) in der Kultur | Wirkung der „Reduktion" (Aufbauprozesse) in der Kultur |
|---|---|
| Triebiges Wachstum, wenig Bestockungsrate im Getreide, deutlich dominanter Haupttrieb (ausgeprägte Apikaldominanz). | Harmonisches, in die Breite gehendes Wachstum, hohe Bestockungsrate beim Getreide. |
| Halmbasis verbräunt, evtl. sind die Infektionsstellen mit Halmbasis- und Wurzelschaderregern zu erkennen. | Die Halmbasis oder der Wurzelhals ist weiß. Die Pflanzen bilden dicke Halme oder Stängel. |
| Die Wurzeln bleiben nackt, an mykorrhizierten Arten (Getreide) ist viel zu wenig Erdanhang an den Wurzeln. | Viele Feinwurzeln, viel Erdanhang anhaftend – „Erdhosen", „Spaghettiwurzeln", „Dreadlocks"; auch an nicht mykorrhizierten Kulturen. |
| Deutlicher Unkrautdruck, auflaufende Unkräuter sind wüchsig und gesund. Können nach wirkungsloser Bekämpfung den Bestand unterdrücken. | Abnehmender Unkrautwuchs. Aufgelaufene Unkräuter sind schwachwüchsig oder wirken krank. Sie können sich im Bestand nicht durchsetzen. |
| Engerlinge, Fliegenlarven, Drahtwürmer, Wurzelläuse, Laufkäferschäden nehmen zu. | Insekten sind im Boden nicht oder selten zu finden. |

Wie Sie sehen, ist eine aufmerksame Beobachtung der Pflanzen „im Ganzen", also mit Wurzeln, und der Bodeneigenschaften erforderlich. Boden und Pflanzen sollten Sie immer gemeinsam ansprechen. Dokumentieren Sie, was Sie sehen. Es kann sich schnell, innerhalb von zwei Wochen, ändern. Aus dieser Beobachtung können Sie den Rückschluss ziehen, ob Ihre Maßnahmen zur Förderung des Bodenlebens und der Kultur „gegriffen" haben. Die eigene Arbeit durch Beobachtung und Messung zu beurteilen, ist das Handwerk in der Regenerativen Landwirtschaft.

**Abb. 71** Auflaufender Mais mit wenig Unkrautdruck auf fermentiertem, antioxidativem Boden.

**Wollen Sie mehr Nährstoffbindung und weniger Unkraut?**

- Spritzen Sie ein Pflanzenferment, z. B. „Bodenverjünger", an den Bodenbearbeitungsgeräten ein.
- Düngen Sie die Minimumnährstoffe und Ihre organischen Dünger bevorzugt in die Zwischenfrüchte. Achten Sie auf den verfügbaren Kalk, vor allem in den Jugendstadien der Kultur.
- Düngen Sie Silizium, wenn Sie viele behaarte Unkräuter (Klettenlabkraut, Taubnessel, Ehrenpreis-Arten, Acker-Vergissmeinnicht) und Ungräser (vor allem Quecke, aber auch Windhalm und Trespenarten sowie Ackerfuchsschwanz) auftreten. Auf leichten Standorten vorrangig mit Zeolith, auf mittleren und schweren Standorten kann Urgesteinsmehl verwendet werden.
- Beleben Sie Ihre Wirtschaftsdünger, vorrangig fermentativ.
- Halten Sie die Böden immer – ohne Vegetationspausen, die länger als zwei Wochen sind – bewachsen oder bedeckt.
- Lockern Sie den Unterboden in Zusammenhang mit dem Begrünungsanbau, vor Raps und Mais. Verstärken Sie die Wirkung der Lockerung durch Einspritzen von Pflanzenfermenten am Gerät.
- Schälen Sie Begrünungen flach und locker mit möglichst hohem Feinerdeanteil ein.
- Sorgen Sie für pflanzliche Diversität, wo es umsetzbar ist, zuerst durch den Untersaatanbau.
- Vitalisieren Sie Ihre Kulturen, kürzen Sie Stressphasen ab und sorgen Sie für die höchste Fotosyntheseleistung Ihrer Kulturen (siehe Kapitel 6.2).
- Kontrollieren Sie die Wirkung von Agrochemikalien und reduzieren Sie deren Gebrauch.
- Reduzieren Sie die Überfahrhäufigkeit, vor allem auf unbewachsenem Boden.
- Vermeiden Sie Überfahrten und Bodenbearbeitung außerhalb der Vegetationszeit, auch dann, wenn es im Vorjahr „harmlos" aussah.

Für die Anhebung des Humusgehaltes im Boden, für hohe Erträge und beste Qualität des Erntegutes sind es die gleichen Maßnahmen. Es hängt alles von der Aktivität des Bodenlebens und dessen Partnern, den Pflanzen, ab.

Es ist wichtig, sich anfangs von häufig beobachteten Anzeichen des oxidativen Abbaues nicht entmutigen zu lassen. Sie können es ändern. Nur weil es etwa schon jahrhundertelang Probleme gab, Sie vielleicht „besondere Bedingungen" haben, und die wirtschaftliche Situation sowieso zu schlecht für Investitionen in einen fruchtbareren Boden ist, sollten Sie die Förderung Ihrer Bodenmikroben nicht aus dem Blick verlieren. So haben Sie dennoch gute Chancen, Humus aufzubauen und damit bessere Erträge zu erzielen.

**Kurzfassung für die tägliche Praxis**

- Verstehen Sie Unkräuter als Reaktion des Bodens auf abbauenden mikrobiellen Stoffwechsel im Boden. Verschaffen Sie den Bodenmikroben Bedingungen zu ihrer Wiederherstellung, das reduziert den Unkraut- und Krankheitsdruck.
- Sorgen Sie für Energiezufuhr in den Boden durch Pflanzen, um einen reduktiven, aufbauenden Bodenstoffwechsel zu fördern.
- Beobachten und dokumentieren Sie, wie sich Ihre Anbauentscheidungen und Arbeitsgänge auf den Abbau organischer Substanz, Gareverlust, Verdichtung (Oxidationsprozesse) und die Bildung organischer Substanz und die Gare (Reduktionsprozesse) auswirken.

# 6 Vitalisieren der Kulturen mit Komposttee

Vitalisierung heißt Belebung. In der Landwirtschaft werden die Pflanzen aus ihrer natürlichen Umgebung herausgenommen, ihr Selbstregulierungsvermögen ist eingeschränkt. Mit Bodenbearbeitung, Fruchtfolge, Düngung und Pflanzenschutz versuchen Sie daher, Ihre Bestände für die Ertragsbildung zu konditionieren. Pflanzen reagieren jedoch in ihrem Stoffwechsel (u. a. der Fotosynthese) und dem Wachstum auf für sie ungünstige Umwelteinflüsse. Wenn Sie über diese Einflüsse Bescheid wissen und mit der Vitalisierung gegensteuern, können Sie große Ertragsreserven erschließen. Pflanzen reduzieren, oft unerkannt, ihre Stoffwechselleistung bei abiotischem Stress.

## 6.1 Abiotischer Stress, die unterschätzte Ertragsbremse

Pflanzen erleiden Stress durch Hitze, Dürre, Kälte, Hagel oder mechanische Beschädigung. Das kann genauso viel Ertrag kosten wie die bekannten, gut sichtbaren Krankheiten und Schaderreger. Abiotische Umweltfaktoren, also Einflüsse, die durch „unbelebte", physikalisch-chemische Faktoren bedingt sind, wirken immer auf Ihre Kulturen ein. Sie können sich bei guten Bedingungen schnell erholen, aber ha-

**Abb. 72** Pflanzenschutzmaschine beim Ausbringen von Komposttee.

ben sie immer gute Bedingungen? Sind diese Umweltfaktoren ungünstig für Ihre Kulturen, spricht man vom „Abiotischen Stress". Weil man die Auswirkungen auf die Stoffwechselprozesse der Pflanzen durch abiotische Stressfaktoren wie z. B. Trockenheit, Starkregen oder hohe Windgeschwindigkeiten meist nicht gleich sieht, ist es eine unbekannte „Ertragsbremse".

Während der Vegetationszeit stehen die meiste Zeit Ihre Erntekulturen auf der Fläche. Diese können einen wesentlichen Beitrag zum Humusaufbau leisten, obwohl bei der Züchtung der meisten Sorten die Wurzelleistung kein Zuchtziel war. Die heutigen Sorten bauen deshalb nicht von selbst unter sich den Humus auf, denn sie arbeiten durch den abiotischen Stress zeitweise nicht mit ihrem Bodenleben an den Wurzeln zusammen. Das können Sie ändern.

Es ist relativ neu, aber umso wichtiger, die Interaktion Pflanze-Boden auf ihr Zusammenspiel oder stressbedingten Stillstand zu überprüfen, um den unerkannten Ertragsverlust durch abiotischen Stress zu reduzieren. Vitalisierung der Kultur in Stressphasen „verbindet" die Pflanzen wieder mit den Bodenorganismen, und der Boden „liefert" dadurch kontinuierlicher Wasser, Kalzium, Phosphor, Mikronährstoffe, aber auch Antibiotika und Abwehrstoffe an die Pflanze. Durch die Vitalisierung der Kulturen unterdrücken die Bodenorganismen gut sichtbar Wurzel- und Halmbasis-Schaderreger. Das ist die erste Stufe der Pflanzengesundheit, auf der alle weiteren Gesundheitseffekte und die Ausbildung der höchsten Qualität aufbauen (siehe Kapitel 8.4: Pyramide der Pflanzengesundheit). Nebenbei bauen sie ihr eigenes Habitat: mit Kohlenstoffeinlagerung in Huminstoffe und Glomalin, dem Stoffwechselprodukt der Mykorrhiza.

Stressreduktion in der Kultur ist also gleichzeitig Humusaufbau.

Zudem unterscheiden sich die Sorten im Nährstoffaufschluss- und Aufnahmevermögen, das macht sie unterschiedlich anfällig für Krankheiten und Stress. Sie können mit der Vitalisierung Ihr Sortenspektrum erweitern, weil qualitätsbetonte Sorten, die bisher wegen Anfälligkeiten nicht mehr angebaut wurden, unter diesem Aspekt wieder anbauwürdig werden.

### Krankheiten als Folge von abiotischem Stress

Abiotischer Stress betrifft auch das Bodenleben, denn wenn die Pflanzen durch Hitze, Dürre, Hagel oder Kälte ihre Fotosynthesleistungen reduzieren, werden auch weniger energiereiche Kohlenhydrate über die Wurzel in die Rhizosphäre abgegeben.

Durch diese gestörte Pflanzen-Bodenleben-Interaktion sinkt die Nährstofffreisetzung, an der das Bodenleben an den Wurzeln beteiligt ist. Auch die Wasseraufnahme geht zurück – ebenfalls eine Leistung des Bodens. Nicht zuletzt leidet das Immunsystem der Pflanzen, denn das Bodenleben erzeugt auch einen Teil der Abwehrstoffe für „seine" Pflanzen.

Eine Pflanze wird krank, wenn sie eine unharmonische oder mangelhafte Nährstoffaufnahme hat. Die ausreichende Nährstoffaufnahme im Nährstoffgleichgewicht hängt aber wesentlich davon ab, ob die Bodenorganismen an den Wurzeln mit Energie durch die Wurzelausscheidungen versorgt wird. Das Auftreten von Pflanzenkrankheiten wird also stärker, wenn durch den abiotischen Stress das Bodenleben leidet. Sie können die Widerstandsfähigkeit gegenüber Pflanzenkrankheiten in Ihren Kulturen stärken, wenn Sie abiotischen Stress, z. B. durch Vitalisierung mit Komposttee, vermeiden.

## 6.2 Verbessern der Fotosyntheseleistung

Pflanzen bringen die Mikroflora, die sie brauchen, selbst mit. Ein Boden, der lange unbewachsen ist, hat eine wesentlich geringere mikrobielle Aktivität. Wenn Ihre Felder länger als zwei Wochen nicht bewachsen sind, beginnt sich das Bodenleben zu verlieren. Sie sehen es an der Abnahme der Bodengare (siehe Kapitel 1.1: Mit Spaten und Sonde die Bodenqualität beurteilen).

Eine ungestörte und effiziente Zusammenarbeit der Pflanze mit ihren mikrobiellen Partnern an den Wurzeln sehen Sie:

- am Erdanhang an den Keimwurzeln,
- am weißen Wurzelhals,
- an breiten Blättern ab dem ersten Laubblatt und
- einem lange gesunden Keimblatt.

**Abb. 73** Links: Wintergerste vor zwei Wochen mit Komposttee behandelt. Rechts: Nachbarbetrieb, Kulturführung ohne Komposttee.

Finden Sie in diesen Merkmalen Fehler, ist die Kultur auf eine Vitalisierung angewiesen. Daher ist es empfehlenswert, nach dem Auflaufen ab dem ersten Laubblatt eine Vitalisierungsspritzung (z. B. mit Dynamisiertem Komposttee + spritzbarem Kalk + Zeolith + Bor) durchzuführen. Lassen Sie einen kleinen Teilbereich des Schlages als Nullparzelle unbehandelt und kontrollieren Sie durch Vergleich in der Folgewoche die Wirkung.

Diese erste Vitalisierung „programmiert" die Kultur im frühen Stadium ab der Laubblattbildung. Das ist entscheidend für die Wirkung auf die Kultur. Oft reicht diese eine Anwendung. Stellen Sie in späteren Stadien Stress fest, können Folgeanwendungen erfolgen.

### Kurzfassung für die tägliche Praxis

- Abiotischer Stress reduziert die Fotosyntheseleistung und damit den Ertrag deutlicher als andere Einflussfaktoren. Auch die Nährstoff- und Wasserbindung und Humusbildung im Boden wird dadurch begrenzt.
- Verminderte Nährstoffaufnahme durch abiotischen Stress ist der Auslöser für Pflanzenkrankheiten.
- Vermeidung von abiotischem Stress führt zu stärkerer Anlage der ertragsbildenden Faktoren im Pflanzenbestand.

**Abb. 74** Links: Rübe mit Komposttee im 4-Blatt-Stadium behandelt. Rechts: Rübe aus einer Nullparzelle.

## 6.3 Der Wachstumsstimulator: Dynamisierter Komposttee

Die notwendige Menge an Komposttee pro Hektar ist in jedem Betrieb ein klein wenig anders – es gibt daher keine Universalempfehlung, wie viel genau Sie pro Hektar brauchen. Ihre betriebsübliche Aufwandmenge pro Hektar sollten Sie zu Saisonbeginn überprüfen und die Überprüfung wiederholen, wenn Sie anderen Kompost verwenden.

### Der Dosierversuch für Komposttee

Jede wirksame Kompostteeanwendung hinterlässt eine mess- und sichtbare Wirkung. Messen und sehen Sie nichts, helfen auch Mehrfachbehandlungen nicht, Sie brauchen dann einen Dosierversuch.

Für „Eilige“: Sie können mit eingeschaltetem Spritzgerät während der Kompostteebehandlung einen Kreis fahren. Eine Stunde später sehen Sie mit dem Refraktometer im Blattsaft, ob Ihre Aufwandmenge ausreicht. In der Folgewoche sehen Sie die Wirkung am nächsten, neu gebildeten Blatt beim Vergleichen von Blättern. Nehmen Sie einige Blätter in der Fahrspur des Spritzgerätes, in der Kreismitte und am Kreisrand. Wenn Sie in der Fahrspur gesunde, meist auch breitere Blätter finden und am Rand noch ein schwacher Effekt zu beobachten ist, können Sie mit der gewählten Aufwandmenge weiterfahren. Ist nur in der Mitte des Kreises eine Wirkung beobachtbar, brauchen Sie mehr Komposttee pro Hektar.

**Abb. 75** Dosierkreisel Totale.

Wenn Sie vormittags spritzen, können Sie nachmittags mit dem Refraktometer nachmessen, wo der Brix-Wert gestiegen ist (siehe Kapitel 7: Überprüfung der eingesetzten Maßnahmen).

Ebenso ist ein Dosierversuch mit unterschiedlichen Aufwandmengen und Verdünnungsgraden mit Handspritzflaschen (Blumenspritzen aus dem Gartenbedarf) auf abgesteckten Parzellen sinnvoll. Überprüfen Sie den Effekt 1–2 Stunden nach der Behandlung mit dem Refraktometer. Steigt der Brix-Wert um 1–2 %, dann ist die Dosierung wirkungsvoll. In der Folgewoche sollten die besten Parzellen des Dosierversuches deutlich zu sehen sein. Im Allgemeinen haben sich bei Herstellung nach dem Rezept von Dr. Ingrid Hörner (siehe Kasten) und mehrfacher Anwendung Aufwandmengen zwischen 30 und 50 l/ha bewährt, bei einmaliger Anwendung zwischen 50 und 100 l/ha.

**Abb. 76** Dosierkreisel innen.

**Abb. 77** Dosierkreisel außen.

Negative Effekte bei Aufwandmengen bis 300 l/ha sind bisher nicht beobachtet worden, dafür aber (der Düngung ähnliche) Wachstumseffekte. Deshalb ist der schrittweise Ersatz der Düngung zurzeit ein Entwicklungsziel.

**Das Komposttee-Rezept nach Dr. Ingrid Hörner, hier für 200 Liter Komposttee-Ansatz**

Temperieren Sie chlorfreies Wasser für den Ansatz auf 25 °C. Während des Brauprozesses kann die Temperatur um 1-2°C absinken. Das fördert die Qualität des Komposttees. Hartes Wasser lässt sich vorbereiten, indem es ohne Kompost in der Komposttee-Maschine mit angeschalteter Pumpe einen Tag belüftet wird. Der gelöste Kalk fällt dann aus.
Füllen Sie zuerst die Komponenten, die die Wasserstruktur verbessern, in den Vortex-Kompostteebrauer:

- 30 g BioAktiv Pflanze (andere Pflanzenstärkungsmittel sind ebenfalls sinnvoll)
- 100 g Urgesteinsmehl, z. B. Eifelgold

Diese beiden Komponenten können mehrere Stunden solo dynamisiert werden. Danach werden eingefüllt:

- 0,2 l Zuckerrohrmelasse
- 50 ml Huminsäure (z. B. Fulvic 25)
- 200 g Malzkeimdünger Maltaflor Symbio K
- 1 l Holzkompost, z. B. von Vortex Energie

Zusätzlich möglich:

- 1 l bester Kompost aus dem eigenen Betrieb (der im Kressetest in beiden Gläsern das gleiche Aufgangsergebnis der Kressesamen zeigt)
- 1 l Walderde unter Buchen oder Brennnesselerde (gesiebt)

Beobachten Sie die Schaumbildung. Notieren Sie den Zeitpunkt, wann der meiste Schaum entstanden ist und die Schaumkrone wieder abnimmt – das ist die beste Braudauer.
Machen Sie eine Geruchsprobe an den Ausströmern. Es sollte erdig-süß riechen. Der fertige Komposttee ist orange-braun und klar, ohne Schlieren. Bei der Übergabe des Komposttees in das Spritzgerät sollten die ersten Liter in einen Eimer abgelassen werden, denn im Hahn sitzen die meisten Feststoffe. Der Komposttee sollte bei der Übergabe durch ein Honig- oder Präparatesieb gefiltert werden.
Nach dem Entleeren muss das Braugerät gründlich gereinigt werden. Die meisten Anhaftungen sitzen oben am Rand des Behälters und in den Steigrohren. Wenn Sie eine Ecke nicht erfasst haben, merken Sie es an der ausbleibenden Schaumbildung und dem schlechten Geruch bei der nächsten Füllung. Komposttee solcher Chargen muss dann verworfen werden.

**Tabelle 14:** Allgemeine Anwendungen von Komposttee in allen Kulturen.

| Präparat | Anwendungsbereich | Zusatz |
|---|---|---|
| Komposttee | allgemeine Pflanzenstärkung | – |
| Komposttee | Vitalisierung im Auflaufen,<br>Vitalisierung zu Vegetationsbeginn,<br>zu Schossbeginn bei rostanfälligen Getreidesorten | 1–3 kg/ha spritzbarer Kalk + 1–3 kg/ha spritzbares Zeolith + 1 kg/ha Borsäure 17,4 % B (Menge je nach Pflanzenhöhe) |
| Komposttee | Vitalisierung im Schossen, bei > 20 % Brix-Unterschied zwischen den Blattetagen | 1 kg/ha Kaliumhumat + Manganblattdünger (Humat oder Chelat) |

In den Feldkulturen kann während des Hauptwachstums, bis vor der Blüte (um die Fotosyntheseleistung zu stabilisieren) eine Siliziumspritzung erfolgen, z. B. mit einem biodynamischen Hornkieselpräparat. Alternativ kann Heutee, eine organische Siliziumanwendung, als einstündiger Wasserextrakt aus bestem Heu, verwendet werden. Heutee kann nur gering verdünnt werden. Testen Sie mit dem Refraktometer (siehe Kapitel 7.1), ob die Assimilationsleistung steigt. Die Aufwandmenge entspricht Ihrer betriebstypischen Komposttee-Aufwandmenge.

**Abb. 78** Heutee im IBC ansetzen.

**Tabelle 15:** Kulturbezogene Zeitpunkte der Anwendung und mögliche Zusätze bei der Anwendung.

| Kultur | Stadium | Mögliche Zusätze |
|---|---|---|
| Mähdruschkulturen, Herbstsaaten | nach dem Auflaufen, zu Vegetationsbeginn | Komposttee + 3–5 kg Kalk + 2–3 kg Zeolith + 1 kg Borsäure spritzen |
| Mähdruschkulturen | Mitte Bestockung, Schossbeginn | Komposttee + Kaliumhumat + Mangan, nachfolgend Heutee spritzen |
| Mähdruschkulturen | vor dem Ährenschieben | Heutee + Steinmehl/Zeolith spritzen |
| Futtergras und Grünland | zu Vegetationsbeginn, eine Woche nach Schnitt/Beweidung | Komposttee spritzen; kann mit Mikronährstoffen nach Pflanzenanalyse-Ergebnis ergänzt werden |
| Raps, Kartoffeln, Sonnenblumen, Körnerleguminosen, andere Arten der Nachtschattengewächse | nach dem Auflaufen | 1:1 Komposttee + Pflanzenfermentzusatz spritzen |
| Mais | im 3–5-Blatt-Stadium<br>im 6–8-Blatt-Stadium | Komposttee + 5 l/ha Pflanzenferment spritzen<br>Heutee + Bor + Mangan + Zink (Blattdünger) spritzen |
| Untersaaten, Zwischenfrüchte | nach Ernte der Deckfrucht, nach dem Auflaufen | Komposttee spritzen |
| Pflanzgemüse | vor dem Pflanzen | Wurzelballen in Komposttee + Pflanzenferment + je 10 % Lehmsuspension tauchen |
| Blattgemüse | beim Pflanzen angießen | kommerzielles Pflanzenferment, z. B. Chiemgauer fermentierten Kräuterextrakt, spritzen. Keine Blattbehandlungen mit Komposttee |
| Freilandgemüse, außer Blattgemüse | ab dem Auflaufen, nach dem Anwachsen, wöchentlich bis vier Wochen vor der Ernte | Komposttee + 1:1 Pflanzenfermentzusatz spritzen |
| Gemüse unter Glas | mit der Bewässerung | 0,2 % Pflanzenfermentzusatz einmischen |
| Obst | bei abgehender Blüte | Komposttee + Kalk + Bor + Mangan spritzen |
| Obst | bei Befallsbeginn beißender Insekten | Komposttee + 1 % Zeolith in der Spritzbrühe spritzen |
| Obst | beim Mulchen der Fahrgassen, bei der Unterkrumenlockerung, bei der Bodenbearbeitung im Baumstreifen | Bei der Bearbeitung Pflanzenferment + Huminsäure (z. B. „Bodenverjünger") einspritzen |
| Obst | nach der Ernte vor dem Laubfall | Komposttee + Bor + Mangan spritzen |
| Obst | nach dem Laubfall | auf dem Boden Pflanzenferment + Huminsäure (z. B. „Bodenverjünger") anwenden |

**Kurzfassung für die tägliche Praxis**

- Komposttee ist ein Wachstumsstimulanz, das preiswert ist und dezentral im Betrieb hergestellt werden kann.
- In frühen Wachstumsphasen oder wenn abiotischer Stress die Kulturen krank werden lässt und die ertragsbildenden Merkmale reduziert, ist Komposttee ein effektives Betriebsmittel.
- Lassen Sie bei der Herstellung von Komposttee die gleiche Sorgfalt und Sauberkeit walten wie beim Herstellen der Pflanzenfermente.
- Komposttee ist eine lebende Mikrobensuspension und muss umgehend verbraucht werden. Danach sollten Sie die Kapazität und das Umfeld Ihrer Komposttee-Anlage bemessen.

## 6.4 Mineralische Zusätze zum Komposttee

Bei der Anwendung von Komposttee können gleichzeitig mineralische Zusatzstoffe mit ausgebracht werden, um die physiologische Wirkung zu verstärken.

**Tabelle 16:** Einsatz von mineralischen Zusätzen bei der Komposttee-Behandlung.

| Präparat | Anwendungsbereich | Zusatz |
|---|---|---|
| Kalk + Zucker | Saat der Kulturen bis zur Keimung der Samenunkräuter, vor allem wenn (wegen enger Satzfolge) zu wenig Zwischenfrüchte angebaut werden | 5 kg/ha spritzbarer Kalk + 5 kg/ha Zucker (7 l/ha Melasse) + 1,5 kg/ha Borsäure 17,4 % + 1 % Huminsäure |
| Urgesteinsmehl | Pflanzenstärkung zu Beginn des Hauptwachstums | Komposttee + 5 kg/ha Steinmehl (kann bei Raumkulturen mehr sein) |
| Zeolith | N-Überschuss binden; bei Befallsbeginn mit beißenden Insekten und/oder Pilzen auf dem Blatt | Komposttee + 3 kg/ha Zeolith (bei Raumkulturen 1–2 % in der Spritzbrühe) |
| Mikronährstoffe | Bei Zink- Mangan- und Kupfermangel | 5 kg/ha Bittersalz + Humat gebundene Mikronährstoffe div. Hersteller, z. B. HF Natrel. Chelatisierte Mikronährstoffe sollten nicht zur Blattbehandlung auf Böden mit freiem Kalk verwendet werden |
| Meersalz | Bei Mikronährstoffmangel in natrophilen Kulturen (z. B. Gersten, Rüben, Raps, Beta-Arten im Gemüse) | 0,5 % in der Spritzbrühe |

**Abb. 79** Kalk wird in die Spritze eingemischt.

## 6.5 Vitalisierung der Kulturen kann Unkraut unterdrücken

Vitalisieren Sie ihre Kultur (z. B. mit dem Dynamisierten Komposttee), werden in der Kultur stehende Samen- und Wurzelunkräuter ebenso mit vitalisiert. Das dadurch zu erwartende, verstärkte Unkrautwachstum wird in der Praxis meist nicht beobachtet. Unkräuter haben einen hocheffizienten Stoffwechsel, damit sie unter schlechten Bedingungen eine hohe Nährstoffaufnahme schaffen und sich gegen Konkurrenzpflanzen durchsetzen können. Die Vitalisierung mit Komposttee führt zu deutlich sicht- und messbarer Überernährung. Vitalisierte Unkrautpflanzen wachsen schwächer, werden krank und werden schließlich von der Kultur überwachsen.

### Unkrautauflaufen als Folge des mikrobiellen Verlustes an Bodenleben

Wenn Sie bei „Ihren" Unkräutern im Blattsaft die Leitfähigkeit und Nährstoffwerte, zuerst den Nitratgehalt, messen, oder mit dem Laserthermometer verfolgen, wie es sich bei sommerlicher Hitze verhält (siehe Kapitel 7: Überprüfung der eingesetzten Maßnahmen), werden Sie überrascht sein. Es sind leistungsfähigere Pflanzen als Ihre Kulturen. Wenn Sie diese erstaunlichen Fakten als Anlass nehmen, aus der Kampfhaltung mit Herbiziden oder Geräten herauszutreten und in Respekt zur Kenntnis zu nehmen, dass die Natur mit starken Pflanzen die mikrobiellen Verluste im Boden gerade repariert, eröffnen sich für Sie neue Wege im Umgang mit dem ungeliebten Beiwuchs. Wenn Sie herausbekommen möchten, was „Ihr" Unkraut für eine Aufgabe hat, graben Sie es aus und betrachten Sie die ganze Pflanze. Sie sehen es

an den Wurzeln. Zuerst treten Unkrautpflanzen mit wenigen nackten, aber starken weißen oder gleichmäßig farbigen Wurzeln auf. Man nennt diese „Frühe Kräuter" (Ingham 1999), weil sie am Beginn der Wiederbesiedelung nach weitgehendem mikrobiellen Verlust zu arbeiten haben. Sie regulieren über ihre meist zahlreichen und stark wirkenden sekundären Inhaltsstoffe die Zusammensetzung der mikrobiellen Gemeinschaft im Boden (eigene Beobachtungen und Messungen). Das Ziel ist die Reduzierung der Nährstoffverluste. Sie sehen es auch am Standort der Unkräuter an der meist nicht vorhandenen Bodengare. Unkräuter sind also Bodenaufbau-Pflanzen – wir wissen es nur nicht, weil wir sie nicht arbeiten lassen.
Typische Vertreter der frühen Kräuter sind Kreuzblütler (Hederich, Rauken und Hirtentäschel), Knöteriche (Windenknöterich, Ampfer-Knöterich), Nelkengewächse (Lichtnelke, Vogelmiere). Wenn der mikrobielle Verlust so deutlich ist, dass der Boden die Nährstoffe nicht nur schlecht bindet, sondern in Salzform verliert, geht es weiter: Ackerwinde, Distel, Ampfer, Kleeseide. Beginnt es im Boden dadurch giftig zu werden, sehen Sie Samtpappel, Ambrosien, Kreuzkraut. Unter allen diesen Bedingungen sind die Bakterien weitgehend „allein", weil für größere Bodenlebewesen, wie Bodenpilze, Protozoa oder Raubnematoden der Boden viel zu wenig mittlere Poren hat, zu sehr verdichtet ist. Sie riechen es an den Wurzeln: muffig, würzig, harzig, aber nicht pilzig wie unter Gräsern. Auch bei Unkräutern lautet die Lösung: Mikrobielle Vielfalt fördern, vorrangig das Auftreten von Bodenpilzen. Das macht man mit Gräsern, Fermenteinspritzung bei der Bodenbearbeitung, Vermeidung der Zersetzung organischer Dünger, Kalkung, Schwefeldüngung oder Komposttee-Anwendung – je nachdem.
Sehen Sie Ungräser, fehlt Ihrem Boden die Vielfalt in den Bodenpilzen. Ungräser sind „Frühe Gräser" (Ingham 2000), zuständig für die Erstbesiedelung mit Bodenpilzen. Deshalb riechen die Wurzeln der Ungräser etwas nach Rasengras: eine Mischung aus süß und muffig. Auch hier ist die Lösung: Sorgen Sie für mehr Bodenpilze.
Sie können aufatmen: Die meisten Unkräuter sind Pionierpflanzen auf Äckern und Wiesen. Wegen ihrer Stoffwechselstärke vertragen sie die Vitalisierung der Kulturpflanzen schlecht und werden davon krank.

Läuft viel Unkraut auf, können Sie bei der frühen Vitalisierungsbehandlung Ihrer Bestände mit einem Zusatz von 5–10 kg/ha spritzbarem Kalziumkarbonat + 5–10 kg/ha Zucker oder Melasse, am besten als Komposttee-Zusatz, die Unkräuter im Wachstum reduzieren. Das ist keine Bekämpfungsmaßnahme im bisher gebräuchlichen Sinn. Sie verändern das mikrobielle Milieu im Boden, indem Sie die Kultur und das Unkraut vitalisieren. Das verbessert die Nährstoffaufnahme für die Kultur- und Unkrautpflanzen – die Kultur profitiert gut sichtbar, das Unkraut reduziert durch die Überernährung das Wachstum und wird krank.

Die Blattbehandlung mit Komposttee ist nicht die einzige Maßnahme, um Unkrautwuchs zu reduzieren. Haben Sie im Anbauablauf

**Abb. 80** Zurückgehendes Unkraut: Distel.

**Abb. 81** Zurückgehendes Ungras: Ackerfuchsschwanz.

**Abb. 82** Zurückgehendes Unkraut: Melde.

bereits dafür gesorgt, dass die Bodenmikroflora durch Begrünung zwischen den Kulturen, vorrangig über Sommer und Winter, weiter ernährt und klimatisiert (beschattet) wird, hat die Bodenmikroflora zu- und nicht abgenommen. Haben Sie vor der Saat Ihrer Kulturen durch Einschälung der Begrünung und Flächenrotte für weiter ansteigende Aktivität der Bodenmikroflora gesorgt, haben beide Maßnahmen bereits eine Reduzierung des Unkrautauflaufens zur Folge. Düngung in wachsende Kulturen, Minimumnährstoffe (besonders Mikronährstoffe) düngen, Belebung der Wirtschaftsdünger, Unterkrumenlockerung mit Einspritzung des Pflanzenfermentes und die Anwendung von Pflanzenferment bei den Bodenbearbeitungen sorgen allesamt für geringen Unkrautdruck. Diese Maßnahmen sollten in ein Kohlenstoff regenerierendes Anbausystem integriert und nicht nur auf das Unkraut unterdrückende Potenzial der Vitalisierung gesetzt werden.

**Kurzfassung für die tägliche Praxis**

- Unkraut ist die „Bodenantwort“ auf Maßnahmen, die den Bodenmikroben geschadet haben. Suchen Sie danach, welche Maßnahmen das waren/sind, anstatt nur über die Bekämpfung nachzudenken.
- Die Unkraut unterdrückende Wirkung der Vitalisierung mit Komposttee baut auf die Umsetzung fördernder Maßnahmen für das Bodenleben im Anbauablauf auf. Ohne diese ist die Wirkung unsicher.
- Sie haben mit der Schälung und Lockerung mit Fermenteinspritzung, Untersaat und Beisaat, Gründüngung und Boden belebender Düngung weitere regenerative Methoden, um Unkrautwuchs zu unterdrücken. Nutzen Sie diese erprobten Methoden konsequent.

# 7 Überprüfung der eingesetzten Maßnahmen

Um die Wirksamkeit der Maßnahmen zu kontrollieren, gibt es aussagekräftige Testverfahren. Überprüfen Sie regelmäßig, ob Ihre Maßnahmen effektiv und wirkungsvoll sind. Kontrollieren Sie die laufenden Prozesse, die Handhabung bewachsener Böden und die Bodenleben regenerierende Kulturführung. Im Folgenden werden typische Tests zur Kontrolle des regenerativen Anbaues vorgestellt, unter Mitarbeit von Dr. Ingrid Hörner.

## 7.1 Messung der Fotosyntheseaktivität im Blattsaft

Diese Methode der Pflanzensaft-Analyse ist relativ neu. Hiermit können Sie Ihre Bestände auf ihre Fotosyntheseleistung hin überprüfen. Das ist ein wichtiger Wert, um die aktuelle Gesundheit und Stoffwechselaktivität Ihrer Kulturen zu kontrollieren.

Durch die Fotosynthese entsteht Zucker. Je höher die Fotosyntheseleistung der Pflanze, desto höher ist der Zuckergehalt im Blattsaft. Um diesen zu messen, können Sie ein Refraktometer verwenden. Refraktometer sind einfache optische Instrumente zur Dichtemessung einer Lösung. Je höher die Menge an gelösten Feststoffen, desto mehr Dichte hat die Lösung. Das Verfahren kommt aus dem Weinbau – hier wird mit dem Refraktometer der Gehalt an Zucker in den reifenden Trauben bestimmt. Die im Pflanzensaft gelösten Feststoffe (Zucker, Proteine, Aminosäuren etc.) verändern den gemessenen Brechungswinkel des

**Abb. 83** Mit dem Refraktometer lässt sich die Konzentration gelöster Stoffe (z. B. der Zuckergehalt) in einer Flüssigkeit bestimmen. Die Maßeinheit „%Brix“ geht auf den deutschen Mathematiker und Ingenieur Adolf Ferdinand Wenceslaus Brix (1798–1870) zurück.

Lichtes. Die Refraktometer-Skala muss also Gewichtsprozent Saccharose in Wasser (%Brix) anzeigen. Pflanzen bilden durch die Fotosynthese tagsüber hohe Zuckerkonzentrationen im Blattsaft. Die Werte können 10–20 % (und mehr) Zuckergehalt erreichen. Die grüne Farbe, der Anteil an Chlorophyll im Blattsaft, beeinträchtigt die Erkennbarkeit der Brechungsgrenze. Für Blattsaftmessungen sind deshalb nur Geräte mit hochwertiger Optik geeignet. Preiswerte Geräte sind nur für Fruchtsaftmessungen nutzbar. Das Refraktometer sollte zu Saisonbeginn und nach häufiger Benutzung mit Aquadest geeicht werden.

Der wichtigste messbare Wert ist der Brix-Wert. Dieser Wert zeigt die „Fitness" Ihrer Kultur an, welche sich in der Fotosyntheseleistung widerspiegelt. Ist die Interaktion mit dem Bodenleben ungestört und effektiv, stehen der Kultur mehr Nährstoffe zur Verfügung. Das äußert sich in hohen Brix-Werten. Anfangs werden Sie häufig niedrige, weit unter dem Durchschnitt liegende Brix-Werte finden – als Ausdruck ineffektiver Interaktion mit dem Bodenleben, typisch auf wenig belebten Böden und bei Düngung nach Nährstoffentzug.

Der Brix-Wert spiegelt das Gleichgewicht wider, das zwischen der Nährstoffaufnahme und der Bildung von pflanzeneigenen Stoffen wie Zucker oder Proteinen im Blatt vorhanden ist (Herold 1980). Wenn der Brix-Wert auch nach mehreren Stunden Sonnenschein gering ist, fehlen ein oder mehrere Nährstoffe, und die Fotosynthese ist gehemmt. Auch eine zu hohe, unausgeglichene Nährstoffaufnahme kann die Zucker- und Proteinbildung stören. Häufig ist es Nitrat, welches das Verhältnis zu anderen Nährstoffen zur Imbalance (zum Ungleichgewicht) führt. Denn die Pflanze kann die Nitrataufnahme nicht selbst regulieren. Diese Imbalance erzeugt gewissermaßen eine Azidose im pflanzlichen Stoffwechsel. So übersäuert wird der Stoffwechsel gehemmt, die Fotosyntheseleistung sinkt. Dann bleiben die pflanzeneigenen Stoffe „kurzkettig" und werden nicht in größere, langkettige oder komplexe Moleküle umgewandelt. Erst die Bildung langkettiger, komplexerer Kohlenhydrate (z. B. Zellulose, Lignin, Pektine) aus den „kurzen" Zuckermolekülen macht das Pflanzengewebe stabil (siehe Kapitel 8.4: Pflanzengesundheit). Werden die Kohlenhydrate nicht komplex genug ausgebildet, wird die Pflanze anfällig für Krankheiten und Schaderreger.

## Frühdiagnose der Krankheitsanfälligkeit

Bei einer hohen Fotosyntheseleistung erzeugen Ihre Kulturen mehr Assimilate – Zucker (kurzkettige Kohlenhydrate), als sie selbst für die Bildung der längerkettigen Kohlenhydrate und der Synthese von Eiweißen und Fetten brauchen. Pflanzen können also Assimilatüberschüsse erzeugen. Die Ableitung dieser Assimilatüberschüsse über die Phloem-Siebröhren der Leitbündelgefäße der Wurzeln verstärkt so die Nährstoffaufnahme durch die Förderung des Rhizosphären-Mikrobioms der Kultur (eigene Messungen mit Horiba-Geräten). Je stärker die Ausscheidungen von Wurzelexudaten, desto mehr Mikroben besetzen die Wurzeln. Je mehr Mikroben die Wurzel besetzen, desto weniger Angriffsfläche bleibt für bodenbürtige Schaderreger. Zusätzlich fördert das eine balancierte und gesteigerte Nährstoffversorgung, insbesondere mit Mikronährstoffen, die Abwehrfähigkeit gegenüber Schadinsekten (Phelan et al. 1996). So kann die Blattsaftmessung auch als Indikator für die Widerstandsfähigkeit gegenüber Krankheitsbefall verstanden werden.

### Hohe Brix-Werte für die Pflanzengesundheit

Der Zuckergehalt einer Pflanze, gemessen in Brix, kann die Nährstoffversorgung der Pflanze widerspiegeln und ist ein wichtiger Indikator für deren Stoffwechseltätigkeit und Fähigkeit, sich gegen Schadorganismen zur Wehr zu setzen.

Kulturen mit höheren Brix-Wert können, wie oben beschrieben, weniger anfällig für Schadinsekten sein. Für einen reduzierten Befall reicht bei den meisten Kulturen ein Brix-Wert von 12 % und höher im Blattsaft. Gerade der gehäuft auftretende Insektenbefall und die zunehmenden Resistenzen der Schaderreger gegen Bekämpfungsmittel sollten Anlass sein, Ihren Kulturen zur maximal möglichen Fotosyntheseleistung zu verhelfen.

Getreide mit einem höheren Brix-Wert im Herbst hat eine größere Zuckerkonzentration im Cytoplasma, ein natürlicher Frostschutzmechanismus (Schopfer und Brennicke 2016), und ist daher weniger anfällig für Frostschäden.

Getreide, Silomais und Zuckerrüben sollten während des Wachstums 16 %Brix im Blattsaft erreichen, können aber auch 20 %Brix überschreiten.

Kartoffeln, Leguminosen und Ölpflanzen sollten für die Blattgesundheit im Blattsaft 12 %Brix erreichen.

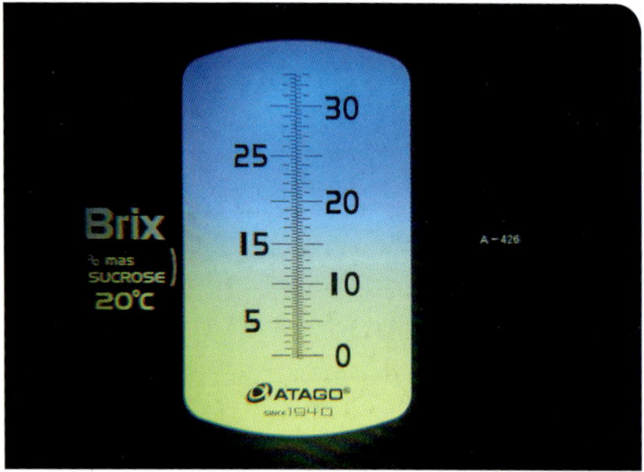


**Abb. 84** Unscharfe Brechungsgrenze im Refraktometer. Bei Brix-Werten > 12 % entsteht die Unschärfe durch eine hohe Nährstoffdichte im Blattsaft.

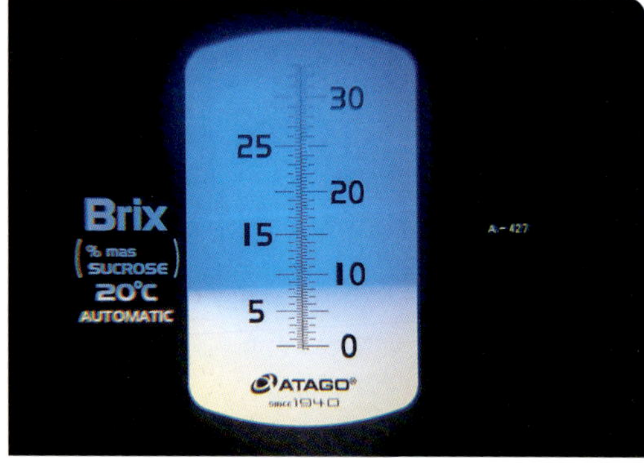


**Abb. 85** Eine scharfe Brechungsgrenze im Refraktometer sehen Sie meist bei Brix-Werten < 12 %. Dies weist auf eine geringe Verfügbarkeit und Aufnahme von Nährstoffen hin.

## Anleitung für den Blattsaft-Test

Testen Sie nur gesunde Pflanzen ohne offensichtliche Anzeichen von Nährstoffmangel, Blattkrankheiten, Insektenschaden oder Spritzflecken. Es sei denn, Sie wollen den Ursachen dieser Symptome auf den Grund gehen. Pflanzen, die zeitweise unter Stress gelitten haben, geben das wahre Bild vom Nährstoffzustand des Feldes nicht wieder.

Entnehmen Sie von mehreren Pflanzen einige Blätter. Diese sollten im gleichen Alter sein und aus der gleichen Blattetage kommen, damit die Probenahme wiederholbar durchgeführt werden kann.

Weiche Blätter (Getreide bis Schossbeginn, Hackfrüchte, Leguminosen, Futter, Gemüse – nehmen Sie auch Proben von den Unkräutern) werden vor dem Auspressen im Mörser angequetscht. Steifere Blätter (Mais, Obst, Wein, schossendes Getreide) kann man kurz gefrieren, dann sind sie besser auszupressen. Pressen Sie den Blattsaft in ein Becherglas aus. Entnehmen Sie mit einer Einwegpipette einen Tropfen dieser Mischprobe.

**Abb. 86** Die Blätter werden im Mörser angequetscht.

**Abb. 87** Der Pflanzensaft wird mit einer Knoblauchpresse ausgepresst.

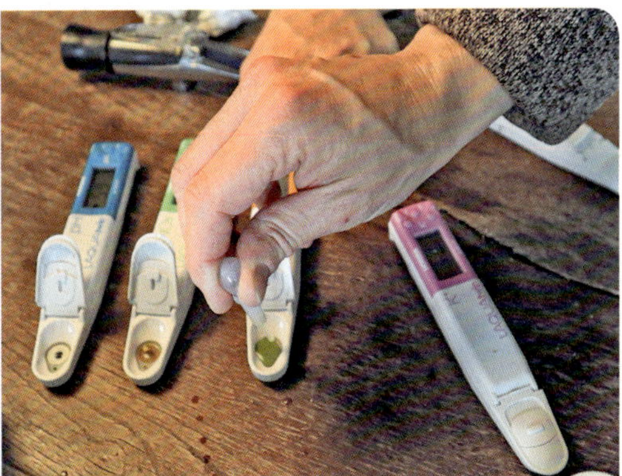

**Abb. 88** Der Saft wird mit einer Pipette auf die Horiba-Messgeräte gegeben.

### Feststellen der Interaktion mit dem Bodenleben

Messen Sie den Brix-Wert an der Sprossspitze und an der Halmbasis. In Bodennähe sollte der Brix-Wert nicht < 50 % gegenüber der Sprossspitze sein. Bildet die Pflanze reichlich Assimilate, aber kann sie diese nicht ausreichend in die Wurzeln ableiten, hat die Kultur einen Assimilatstau. Dann finden Sie an der Halmbasis niedrige Brix-Werte. Bormangel, mineralische Blattdüngung, aber auch N-Überdüngung kann diesen Effekt auslösen. Im Bestand sehen Sie es an der sprossdominanten Pflanzenernährung (triebiger Wuchs, untere Blätter werden noch während des Schossens braun, wenig Wurzeln).

Eine Vitalisierung der Kultur bewirkt eine gesteigerte Assimilationsleistung. Die Ableitung der Assimilate in den Boden kann genauso hoch sein wie der Assimilatverbrauch im Pflanzenstoffwechsel. Mehr Assimilationsleistung bedeutet auch eine höhere Assimilatableitung in den Boden und eine höhere Aktivität der Bodenmikroflora an den Wurzeln. Das können Sie bereits 1–2 Stunden nach einer Vitalisierungsbehandlung messen.

### Feststellen der Kaliumverfügbarkeit und Kaliumaufnahme

Im Hauptwachstum bildet die Pflanze zusammen mit der hohen Spross-Biomasse eine hohe Wurzelbiomasse aus. In diesem Wachstumsprozess erschließt sie sich ausreichend Kalium, um es nach der Blüte für die Fruchtbildung umlagern zu können. Wird die Wurzelbildung, z. B. durch Verdichtung oder nitratbetonte N-Düngung gestört, sinkt die Kaliumaufnahme. Ein eventueller Nachdüngebedarf während des Hauptwachstums kann mit dem Brixtest festgestellt werden.

Messen Sie im Hauptwachstum den Brix-Wert an der oberen Blattetage und an der nächst unteren Blattetage, wenn mindestens drei Blattetagen ab dem Beginn des Streckungswachstums ausgebildet sind. Liegt der Brix-Wert des unteren Blattes nur 10 %, maximal 20 % darunter, nimmt die Kultur ausreichend Kalium auf. Ist die Differenz größer, haben Sie den Kaliummangel gefunden. Da Kalium in der Pflanze mobil ist, wird es in den unteren Blättern abgebaut und nach oben verlagert. Das reduziert die Fotosyntheseleistung in der nächst unteren Blattetage, die noch genauso viel Sonnenlicht bekommt wie die Blätter an der Sprossspitze.

### Feststellen der Boraufnahme

Messen Sie den Brix-Wert zu Tagesbeginn und zu Mittag. Frühmorgens sollte der Brix-Wert deutlich niedriger sein als mittags, etwa 50 % weniger. Nachts wird kein Zucker gebildet, aber die Assimilatableitung an die Wurzeln geht weiter. Finden Sie frühmorgens nur unwesentlich niedrigere Brix-Werte als mittags, ist wahrscheinlich Bormangel die Ursache. Diesen Zustand findet man häufig, insbesondere zweikeimblättrige Kulturen reagieren darauf mit Ertragsrückgang. Unterbodenverdichtung (auch unter Dämmen) kann die Boraufnahme verschlechtern.

### Testen der Zusammensetzung der Komposttee-Spritzbrühe

Sie können vor der Behandlung messen, welche Dosierung von Komposttee erforderlich ist und ob mineralische Zumischungen oder Blattdünger erforderlich sind. Füllen Sie mehrere Handdrucksprüher mit den zu testenden Kompostteemischungen und -verdünnungen, sprühen Sie vormittags abgesteckte Parzellen auf Ihrer Kultur und messen Sie nach dem Mittag den Effekt. Vergleichen Sie die Blattsaftwerte mit denjenigen von dem unbehandelten Feld. Finden Sie keinen Unterschied, wirkt die Mischung nicht oder die Kultur hat keinen Stress. Ist der Brix-Wert nach Behandlung höher, haben Sie die passende Dosierung gefunden. Ist er niedriger, löst die Behandlung Stress aus. Sie können diesen Test auch vor der Behandlung mit Pflanzenschutzmitteln durchführen, um hier das Stress auslösende Potenzial zu erkennen.

Pflanzen reagieren auf Wetterwechsel. So beginnen Pflanzen etwa drei Stunden, bevor ein Gewitter heraufzieht, ihre Fotosyntheseaktivität zu reduzieren, auch bei vollem Sonnenschein. Achten Sie deshalb auf die Wetterentwicklung, damit Sie Ihre gefundenen Werte nicht falsch interpretieren.

### Feststellen von Nährwert und Lagerfähigkeit der Ernte

Ernteprodukte mit dem höheren Brix-Wert enthalten einen höheren Zuckergehalt, haben höhere Mineralstoff- und Proteingehalte und ein höheres Volumengewicht. Diese Früchte sind deshalb schmackhafter, haben den maximalen Nährwert mit geringerem Nitrat- und Wassergehalt und bessere Lagereigenschaften. Früchte mit exzellenten Brix-Werten haben den höchsten Gehalt an gesundheitsfördernden Inhaltsstoffen

**Tabelle 17:** Zuckergehalt in pflanzlichen Produkten nach Carey Reams in %Brix.

| Produkt | arm | Durchschnitt | gut | exzellent |
|---|---|---|---|---|
| Möhren | 4 | 6 | 12 | 18 |
| Salat | 4 | 6 | 8 | 10 |
| Zwiebeln | 4 | 6 | 8 | 10 |
| Kohl | 6 | 8 | 10 | 12 |
| Trauben | 8 | 12 | 16 | 20 |
| Kartoffeln | 3 | 5 | 7 | 8 |
| Äpfel | 6 | 10 | 14 | 18 |
| Tomaten | 4 | 6 | 8 | 12 |
| Blaubeeren | 8 | 12 | 14 | 18 |

Quelle: Carey Reams, 1935. Mehr Brix-Werte von Erntefrüchten finden Sie z. B. unter www.highbrixgardens.com

und Mineralstoffwerten und sind daher beim Verzehr am gesündesten. Nutzen Sie diese Eigenschaft Ihrer Ernte als Vermarktungsargument.

## 7.2 Messung der Nährstoffaufnahme und der Widerstandsfähigkeit gegen Krankheiten

Zur Interpretation der Blattsaftmessungen sollten Sie mehrere Ergebnisse bewerten. Die Veränderung der Brix-Werte und der anderen Blattsaftwerte ist wichtig, nicht nur die hohen Brix-Werte einer Einzelmessung. Die Aussagen werden ergänzt durch Beobachtung der Pflanzenentwicklung, von Symptomen und dem Ausschluss von Ursachen.

Parallel zur Messung des Zuckergehaltes können Sie mit einfach zu handhabenden elektronischen Messgeräten aus der Wasser- und Umwelttechnik (z. B. Horiba Laqua-Twin) pH-Wert und elektrische Leitfähigkeit (COND) messen. Es ist möglich, weitere Feststellungen mit der Messung der Gehalte an $NO_3^-$, $Ca^{2+}$, $K^+$ und $Na^+$ zu treffen.

Die gefundenen Werte zeigen die Wirkung der Anbaumaßnahmen, Düngung und Vitalisierung. Man erhält eine Frühwarnung vor Schaderreger- und Blattkrankheitsbefall, mehrere Wochen vor Ausprägung der Symptome. Korrigierende Maßnahmen sind somit vor der Symptomausbildung oder dem Ertragsausfall möglich. Die folgenden Angaben entsprechen den bisherigen Erfahrungen und erheben keinen Anspruch auf Vollständigkeit. Es sind weitere Untersuchungen zur Pflanzensaft-Analyse und deren Interpretation notwendig, um die Empfehlungen zu differenzieren.

Es gibt verschiedene Geräte, mit denen man die Nährstoffgehalte im Blattsaft feststellen kann. Die Messungen mit den Horiba-Messgeräten werden hier vorgestellt, weil sie klein, leicht und einfach sind, und sich im praktischen Einsatz im Gelände bewährt haben.

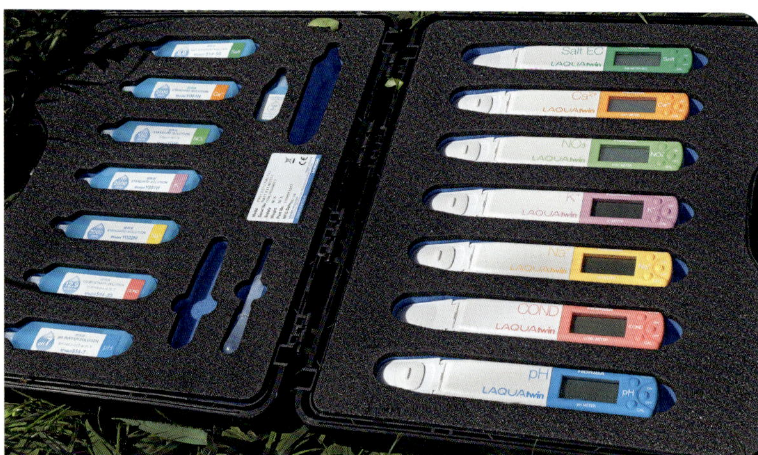


**Abb. 89** Alle Horiba-Geräte: für die elektrische Leitfähigkeit, den pH-Wert sowie den $NO_3$-, Ca-, K- und Na-Gehalt einer wässrigen Lösung. Diese Geräte sind zur Feststellung der Nährstoffaufnahme im Blattsaft der Pflanzen geeignet. Die Nährstoffverfügbarkeit aus dem Boden kann in einer wässrigen Aufschwemmung damit ebenfalls festgestellt werden.

**Tabelle 18:** Übersicht der wichtigsten Blattsaftmessungen.

| Brix-Wert | Elektrische Leitfähigkeit | pH | Wirkung des Zusammenspiels |
|---|---|---|---|
| hoch | optimal | optimal | Gutes Zusammenwirken von Kultur und mikrobiellem Bodenleben, es kann eine gute Qualität des Erntegutes erwartet werden. |
| niedrig | niedrig | niedrig | Nährstoffe fehlen. Das kann eine Folge geringer mikrobieller Aktivität im Boden sein.<br>Es können Stickstoff und Phosphor schlecht verfügbar sein. Es kann auch Kalium oder Natrium fehlen.<br>Untersuchen Sie den Boden nach Verdichtungen. |
| niedrig | niedrig | hoch | Nährstoffe fehlen. Das kann eine Folge geringer mikrobieller Aktivität im Boden sein.<br>Es kann Stickstoff, Phosphor oder Schwefel fehlen. Es kann auch ein Mangel an Huminsäuren oder Acetatbildung im Boden bestehen. |
| niedrig | hoch | niedrig | Säure produzierende Nährstoffe sind in zu großen Mengen vorhanden und nicht gebunden (komplexiert). Das kann eine Folge des Fehlens der mikrobiellen Aktivität im Boden sein. Auch mineralische Überdüngung oder im Abbau befindliche organische Dünger bewirken die hohe Leitfähigkeit im Saft.<br>Es können auch Kalzium, Magnesium, Kalium und Silizium schwer verfügbar sein oder Natrium fehlen. |
| niedrig | hoch | hoch | Der Nitratgehalt des Bodens kann zu hoch sein. Der Stickstoff kann im Boden nicht gebunden werden. Das kann eine Folge geringer mikrobieller Aktivität im Boden sein. Es können Phosphat, Magnesium und Silizium schwer verfügbar sein oder Schwefel kann fehlen. Mikronährstoffe sind durch abbauenden Bodenstoffwechsel blockiert. |

Quelle: Pike Agri-Lab Supplies, Inc., www.pikeagri.com. Ergänzt durch eigene Erfahrungen.

Wenn die gemessenen Blattsaftwerte abweichen: Schauen Sie nach anderen Faktoren wie Bodenverdichtungen, Bodengeruch und Krümelform, Unkrautwuchs, um herauszufinden, was dem Boden fehlt. Wie Sie sehen, kann nahezu jedes Problem der Nährstoffaufnahme auch eine Folge geringer mikrobieller Aktivität im Boden sein.

### Durchführung der Blattsaftmessungen mit den Horiba-Geräten

Eichen Sie vor jeder Messreihe die Kalibrierung der Messgeräte mit der Horiba-Standard-Lösung. Reinigen Sie nach jedem Gebrauch die Sensoren der Horiba-Geräte gründlich, indem Sie sie abspülen, zuletzt in destilliertem Wasser. Seien Sie bei der Reinigung sehr vorsichtig. Die dünnen Glasmembrane können leicht brechen oder zerkratzt werden. Auf die Sensoren nicht drücken, am besten abblasen.

## Die elektrische Leitfähigkeit (Konduktivität = COND) im Blattsaft

Die Leitfähigkeit im Pflanzensaft ist ein Maß für die Nährstoffaufnahme der Pflanze. Sie liegt bei den meisten Kulturen zwischen 2,0–12,0 mS/cm. Bei niedrigen Brix-Werten und niedriger elektrischer Leitfähigkeit ist die Fotosynthese durch Nährstoffmangel gehemmt. Überprüfen Sie also gleichzeitig die elektrische Leitfähigkeit im wässrigen Bodenextrakt aus dem Wurzelballen.

Wenn die Leitfähigkeit im Blattsaft zu hoch ist, werden Nährstoffe nicht gebunden und können, z. B. wie Nitrat-Stickstoff, überdüngt worden sein.

Beachten Sie, dass im Display die Einheit mS/cm in µS/cm automatisch wechselt, je nach der Höhe der Leitfähigkeit in der Probe.

**Praxis-Tipp**

Weitere nützliche Leitfähigkeitstests können Sie mit dem Wasser Ihres Betriebes durchführen: Leitungswasser mit guter Qualität sollte < 100 µS/cm, destilliertes Wasser < 10 µS/cm Leitfähigkeit haben.

## Der pH-Wert

Der pH-Wert im Pflanzensaft zeigt die Säure-Basen-Balance in der Pflanze an. Bei einem Blattsaft-pH-Wert von ca. 6,4 für die meisten Kulturen befinden sich Anionen (N, P, S) und Kationen (Ca, Mg, K, Na) im Pflanzensaft im Gleichgewicht. Ein abweichender pH-Wert gibt Hinweise auf Nährstoffe, die fehlen oder evtl. zu viel aufgenommen worden sind. Die meisten Kulturen haben den normalen pH-Wert im Blattsaft bei 6,4, ebenso wie in der wasserextrahierten Bodenprobe eines belebten Bodens.

Bewegliche, nicht in Molekülen gebundene Wasserstoffionen und Elektronen $e^-$ sind ein Maß für die biologische Aktivität von Pflanzen, denn sie übertragen Energie. Ein leicht unter dem Neutralpunkt liegender pH-Wert, ca. von 6,4 ist daher ein Maß für eine hohe Stoffwechselaktivität der Pflanzen. Diese fördert auch das Bodenleben, deshalb wird der pH-Wert im Blattsaft durch die Aktivität der Bodenmikroben mit ihrer Bodenatmung beeinflusst.

Bei einem pH < 6,4 im Saft ist zu prüfen, ob es einen Mangel an Ca, Mg, K oder einen Überschuss an N oder S gibt. Ein zu niedriger pH-Wert im Blattsaft ist ein Hinweis auf erhöhte Anfälligkeit für Pilzkrankheiten auf dem Blatt.

Finden Sie einen pH > 6,4, kommt vielleicht ein zusätzlicher Bedarf an Sulfaten oder Phosphaten in Betracht.

Testen Sie mit dem Horiba-pH-Meter auch den pH-Wert in der Spritzbrühe: Das frühe Pflanzenwachstum reagiert bei neutralen bis leicht alkalischen Blattspritzungen positiv, d. h. bei pH 7–7,4 in der Spritzbrühe. Deswegen wird in den frühen Stadien die Ergänzung der Komposttee-Spritzung zur Vitalisierung mit spritzbarem Kreidekalk + Bor empfohlen.

Später in der Saison wird für die Bildung von Früchten, Wurzeln, Samen oder von Blättern ein saurer pH-Wert (6,4 oder niedriger) in der Spritzbrühe benötigt. Dafür kann man die Spritzung mit Huminsäure kombinieren. Es ist möglich, so den gezielten Übergang in die generative Phase herbeizuführen. Deswegen reagiert z. B. Raps so positiv auf die Kombination von Komposttee mit Pflanzenfermenten. Bei Obst bewirkt dieser Effekt eine Verfrühung der Blüte und damit erhöhte Spätfrostanfälligkeit, sodass Fermentanwendungen erst ab der Obstblüte sinnvoll sind.

## 7.3 Messung der Reaktion des Bodenlebens auf vitalisierende Blattspritzungen

Schauen Sie sich neben dem Blattsaft auch die Werte von der Bodenaufschwemmung unter den gemessenen Pflanzen an. Das ist die Bodenantwort auf die Tätigkeit der Pflanze. Dort misst man in der Aquadest-Aufschwemmung (siehe Abb. 90, 91) den aktuellen pH-Wert und die elektrische Leitfähigkeit.

Der pH-Wert zeigt die Intensität der Bodenatmung, vor allem auf kalkreichen und tonigen Böden an. Auf sandigen Böden kann es Kalzium- und Magnesiummangel sein. Die elektrische Leitfähigkeit zeigt an, wie hoch die Nährstoffverfügbarkeit im Boden ist. Sie sollte mit der Vitalisierung steigen. Bewerten Sie also die Wirkung der vitalisierenden Komposttee-Spritzung auch nach der Wirkung auf das Bodenleben. Sie ist mit diesen einfachen Werten gut messbar. Messen Sie im wässrigen Bodenextrakt beide pH-Werte und die Leitfähigkeit.

**Abb. 90** Eine Bodenaufschwemmung herstellen.

**Abb. 91** Messung des pH-Wertes und der Leitfähigkeit. Beachten Sie, dass sich diese Werte nach einer Vitalisierung der Kultur innerhalb von Stunden verändern können.

### Aktueller und potenzieller pH-Wert

**Aktueller pH-Wert**: Dieser wird im Boden-Wasser-Extrakt gemessen und entspricht etwa den Bedingungen, die die Pflanzenwurzel im Boden vorfindet. Schwemmen Sie zuerst den Boden mit der gleichen Menge Aquadest auf. Im Feld haben sich dazu Einweg-Schnapsbecher bewährt. Messen Sie den pH-Wert und aus demselben Extrakt die Leitfähigkeit. Danach reicht einfaches Abspülen der pH-Elektrode.

**Potenzieller pH-Wert**: Wird in 1,0-normaler Kaliumchlorid-Lösung (KCl-Lösung) gemessen. Diese Lösung können Sie aus 7,5 g KCl in 1 l Aquadest (Apothekenbedarf) selbst herstellen. Schwemmen Sie den Boden mit der gleichen Menge KCl-Lösung auf. Die pH-Messung in dieser Neutralsalzlösung stellt den Stress für die Bodenmikroben nach.

Normal funktionierende Ton-Humus-Komplexe sind auf eine artenreiche, aktive Bodenmikroflora angewiesen. Hat die Bodenmikroflora durch Abnahme der Artenvielfalt oder eingeschränkte Aktivität eine abnehmende Funktion, ist sie nicht mehr „stressfest“. Der Stress im Boden wird durch die Extraktionslösung Kaliumchlorid simuliert. Das schlägt sich in den sich unterschiedlichen pH-Werten beider Messungen aus der gleichen Bodenprobe wieder. Der pH-Unterschied sollte nicht mehr als 0,5 sein. Dann hat der Boden eine gute, durch das Bodenleben hergestellte Pufferkapazität.

Die Messung erfolgt in einem Boden + Aquadest-Gemisch zu gleichen Teilen nach 5- bis 7-maligem, leichten Schütteln. Da es zwei Messwerte sind, wird das Schütteln an der gleichen Bodenprobe mit Kaliumchlorid-Lösung wiederholt. Im Wasserextrakt misst man den Wasser-pH-Wert, im KCl-Extrakt den gepufferten pH-Wert.

Der KCl-pH-Wert, also der potenzielle pH-Wert, ist im Allgemeinen der niedrigere Wert. Ist der Unterschied größer, also der aktuelle Wasser-pH-Wert und der potenzielle KCl-pH-Wert deutlich mehr als 0,5 Einheiten entfernt, fehlen Teile der Bodenmikroflora und damit Bodenfunktionen. Eine davon ist die Einbindung des Aluminiums in die Tonmineralstruktur, deswegen droht bei weit auseinanderliegenden pH-Werten die Aluminiumtoxizität.

Die stickstoffbindende Mikroflora kann bei einem aktuellen pH-Wert unter 5,8 im Boden nicht leben. Liegt der pH-Wert des wasserextrahierten Bodens zu hoch (> 6,5), sinkt er mit ansteigender mikrobieller Aktivität durch die Bodenatmung wieder ab. Ebenso verringert sich der Unterschied zum KCl-extrahierten pH-Wert.

#### Aluminiumtoxizität

Die Tonminerale des Lehms (Montmorillonit, Vermiculit, Illit, Kaolinit) sind durch mikrobiellen Aufschluss unter Pflanzen und Verwitterung entstanden. Die Bodenmikroorganismen vergrößern die Oberfläche des ursprünglichen Steinstaubes, weil sie dort ihr Habitat haben. Tonminerale können als Ort des (Boden-)Lebens, Speicher und Austauscher für Kationen nur funktionieren, wenn sie von Bodenmikroorganismen besiedelt werden. Nimmt die Menge und Aktivität der Bodenmikroorganismen ab, verlieren die Tonminerale ihre gebundenen Nährstoffe und so ihre Funktion. Biologisch „entleerte" Tonminerale beginnen deshalb, das ebenfalls an ihnen gebundene Aluminium in die Bodenlösung freizusetzen. Das Aluminium ist in den bodenbildenden Ausgangsmineralien, vor allem im Feldspat, reichlich vorhanden. Deswegen ist es im Boden immer vorhanden. Erst wenn das Bodenleben so geschädigt wird, dass es den Verlust der Kationen durch weitere biologische Verwitterung nicht mehr ausgleicht, kann es zu Aluminiumfreisetzung und Aluminiumtoxizität in Pflanzen kommen.

Pflanzen können 50–200 ppm Aluminium in der Trockensubstanz enthalten, ohne in ihrer Physiologie gestört zu werden (Bergmann 1993). Aluminiumtoxizität ist anzunehmen, wenn: die Bestockung ausbleibt, die Auswinterungsschäden stark zunehmen, die Pflanzen im Frühjahr trotz Düngung oder Pflege nicht „loswachsen wollen", oder in frühen Stadien bereits Mikronährstoffmängel zu beobachten sind. Ein ungewöhnlich hoher Druck tierischer Schaderreger in den frühen Wachstumsstadien ist ebenfalls ein Hinweis auf Aluminiumtoxizität. Sie finden in diesen Fällen im Boden meistens Strukturschäden, eckige, ungleichmäßig große Bodenkrümel, deutliche Verdichtungsschichten, kurze, verbräunte Wurzeln – die typischen Garefehler. Da dies unabhängig vom pH-Wert geschehen kann, also auch bei normalem bis hohen pH-Wert im Boden, sollte die Pflanzenanalyse aus der Trockensubstanz (siehe Kapitel 7.4) zur Diagnose herangezogen werden.

Wenn Sie Aluminiumtoxizität feststellen oder vermuten, ist die Anhebung des Aktivitätsniveaus der Bodenmikrobiologie und gleichzeitig Stressreduktion in der Kultur mit der frühen Vitalisierung mit einer Blattspritzung zu empfehlen. Die Kalkdüngung sollten Sie nach Bodenuntersuchungswerten und Karbonattest entscheiden.

## Die elektrische Leitfähigkeit in der Bodenaufschwemmung

Vor der Leitfähigkeitsmessung der Bodenaufschwemmung können nach dem Blattsafttest (siehe Kapitel 7.1) mehrere Spülungen erforderlich sein. Der Blattsafttest findet im mS-Bereich statt, die Bodenaufschwemmung hat eine etwa ein Zehntel geringere Leitfähigkeit. Das Leitfähigkeits-Messgerät schaltet dann evtl. in den µS-Messbereich um. Machen Sie vor der Messung in der Bodenaufschwemmung die Messung einmal mit destilliertem Wasser. Der Ausgangswert sollte dem des destillierten Wassers entsprechen, anderenfalls sollte das Abspülen der Elektrode wiederholt werden.

In einem garen Boden im Freiland ist eine Leitfähigkeit von 0,2–0,4 mS/cm normal. Im geschützten Anbau können auch Werte bis 0,6 mS/cm gemessen werden. Höhere Werte können nach Düngung auftreten. Niedrigere Werte weisen auf eine zu geringe mikrobielle Aktivität im Boden hin.

Nach einer Vitalisierung können Sie eine deutliche Veränderung messen, z. B. steigt die Leitfähigkeit an, wenn der Wert vorher niedrig war. Dies weist auf eine verbesserte Nährstoffverfügbarkeit durch die gesteigerten Wurzelausscheidungen und mit ihnen eine erhöhte mikrobielle Aktivität an den Wurzeln hin. Schon eine Stunde nach einer Blattspritzung, z. B. mit dynamisiertem Komposttee, finden Sie die Spur erhöhter Nährstoffverfügbarkeit und Nährstoffaufnahme.

Messen Sie auch die Leitfähigkeit im Wurzelbereich: Sie finden die Wirkung der Wurzelausscheidungen auf das Bodenleben. Überprüfen Sie die Leitfähigkeit im Boden zu Vegetationsbeginn, bevor die steigenden Temperaturen das Bodenleben aktivieren. Der Boden sollte einen Ausgangswert von 0,25–0,6 mS/cm haben. Überprüfen Sie die Leitfähigkeit nach Düngemaßnahmen, Kälteperioden und Starkregen. Sie finden damit den Dünge-, Vitalisierungs- oder Beregnungsbedarf.

Hohe Leitfähigkeit im Boden kann ein Hinweis auf einen möglichen Nematodenbefall sein. Schadnematoden lieben die Nitratfreisetzung im Boden, eine Folge ungebundener Nährstoffe.

Während der Hauptwachstumsphase der Pflanze sollte die Leitfähigkeit nicht < 0,1 mS/cm fallen, wenn eine normale Ernte erwartet wird. Geringe Leitfähigkeitswerte zeigen an, dass die Nährstoffe im Boden in einer unlöslichen Form gebunden sind. Das kann die Folge von zu geringer mikrobieller Aktivität des Bodens sein.

Wenn Sie eine Leitfähigkeit im Boden von > 1,2 mS/cm finden, zeigen Ihre Bestände Symptome von Salzstress. Dies kann die Folge von Überdüngung, zu hoher Salzkonzentration im Boden oder dominanter abbauender Mikroflora im Boden sein. Nur Mais wächst auch bei höherem Leitfähigkeitsniveau während der vegetativen Phase. Mais hat in der Wurzelspitze eine Membran, mit der er nicht benötigte Nährstoffüberschüsse aus der Bodenlösung zurückhalten kann (Machado 1991).

**Kurzfassung für die tägliche Praxis**

- Der Blattsafttest, ab dem Jugendstadium der Kulturen in kurzen Abständen durchgeführt, zeigt mit dem Absinken des Brix-Wertes den abiotischen Stress an. Sie können damit die Vitalisierungsbehandlungen terminieren.
- Zusätzliche Messwerte wie pH-Wert und Leitfähigkeit lassen eine Frühdiagnose zur Anfälligkeit gegenüber Pflanzenkrankheiten und zur Nährstoffaufnahme zu.
- Messen Sie pH, Leitfähigkeit und Nährstoffwerte auch aus dem Wurzelbereich Ihrer Kulturen, und sehen Sie nach wenigen Stunden deren Reaktion auf vitalisierende Blattspritzungen.
- Wenn Sie die Physiologie Ihrer Kulturen auf hohem Niveau halten, findet auch unter Kulturpflanzen der Bodenaufbau statt. Sie können damit Kulturen von „Humuszehrenden" zu „Humusmehrenden" umwandeln.

## 7.4 Die Pflanzenanalyse

Die Nährstoffaufnahme Ihrer Kulturen sollten Sie zusätzlich zu den Blattsafttesten ein- bis zweimal jährlich durch die Pflanzenanalyse aus der Trockensubstanz überprüfen. Dieser Test ist für Ackerbaukulturen zumeist ausreichend. Kulturen mit hoher Wertschöpfung unter Glas und Folie sowie Sonderkulturen können Sie auch durch die zweiwöchentliche Kontrolle der Blattsaftwerte, z. B. über das holländische Labor „NovaCrop Control", überwachen lassen.

Die Pflanzenanalyse aus der Trockensubstanz gibt einen Rückschluss auf die Nährstoffaufnahme der Pflanzen in den letzten Wochen. Daher überprüft man in jungen Stadien und vor der Anlage der Ertragsmerkmale. Die genaue Probenahme bei den jeweiligen Kulturen, die Zeitpunkte, die Vergleichswerte und die Nährstoffverhältnisse finden Sie im Anhang.

Für eine Pflanzenanalyse entnehmen Sie aus dem Bestand Blätter aus der zu beprobenden Blattetage. Etwa 500 g Frischmaterial pro Probe sind ausreichend. Als Verpackung haben sich unbenutzte Zipperbeutel aus dem Haushaltsbedarf bewährt. Beauftragen Sie das Labor zur Vollanalyse auf:

- Ca, Mg, K, Na,N, P
- B, Cu, Zn, Mn, Fe, Mo, Co
- S, Se, Si und Cl sind Extraaufschlüsse und müssen auf dem Auftrag besonders vermerkt werden. Falls Sie den Verdacht auf Aluminiumtoxizität haben, sollte diese Analyse ebenfalls extra beauftragt werden. Chlor ist besonders für die Untersuchung von Futterkulturen erforderlich.

**Abb. 92** Probenahme für die Pflanzenanalyse bei Getreide.

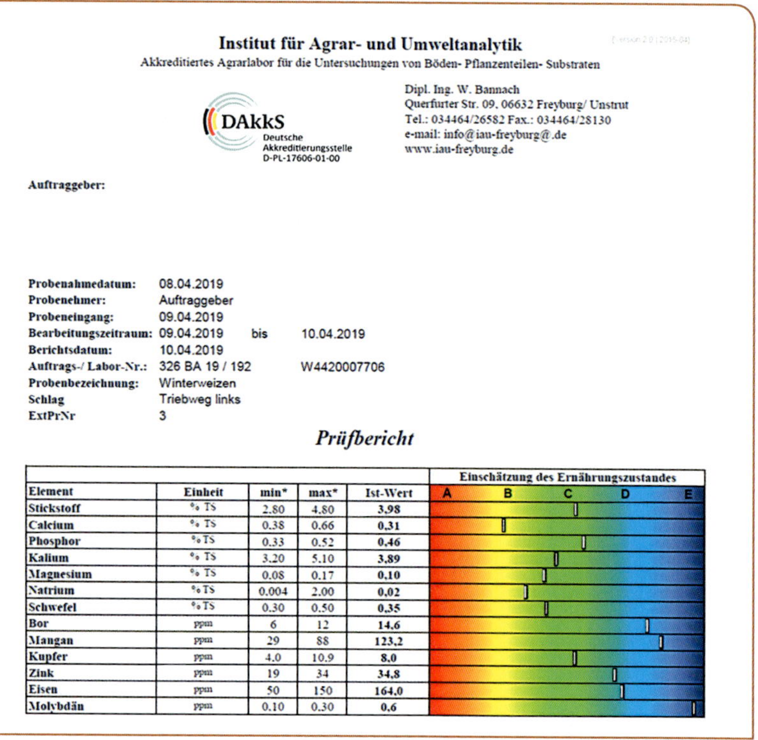

**Institut für Agrar- und Umweltanalytik**

Akkreditiertes Agrarlabor für die Untersuchungen von Böden- Pflanzenteilen- Substraten

DAkkS Deutsche Akkreditierungsstelle D-PL-17606-01-00

Dipl. Ing. W. Bannach
Querfurter Str. 09, 06632 Freyburg/ Unstrut
Tel.: 034464/26582 Fax.: 034464/28130
e-mail: info@iau-freyburg@.de
www.iau-freyburg.de

**Auftraggeber:**

| | | | |
|---|---|---|---|
| **Probenahmedatum:** | 08.04.2019 | | |
| **Probenehmer:** | Auftraggeber | | |
| **Probeneingang:** | 09.04.2019 | | |
| **Bearbeitungszeitraum:** | 09.04.2019 | bis | 10.04.2019 |
| **Berichtsdatum:** | 10.04.2019 | | |
| **Auftrags-/ Labor-Nr.:** | 326 BA 19 / 192 | | W4420007706 |
| **Probenbezeichnung:** | Winterweizen | | |
| **Schlag** | Triebweg links | | |
| **ExtPrNr** | 3 | | |

***Prüfbericht***

| | | | | | Einschätzung des Ernährungszustandes |
|---|---|---|---|---|---|
| **Element** | **Einheit** | **min*** | **max*** | **Ist-Wert** | A B C D E |
| **Stickstoff** | % TS | 2.80 | 4.80 | **3,98** | |
| **Calcium** | % TS | 0.38 | 0.66 | **0,31** | |
| **Phosphor** | % TS | 0.33 | 0.52 | **0,46** | |
| **Kalium** | % TS | 3.20 | 5.10 | **3,89** | |
| **Magnesium** | % TS | 0.08 | 0.17 | **0,10** | |
| **Natrium** | % TS | 0.004 | 2.00 | **0,02** | |
| **Schwefel** | % TS | 0.30 | 0.50 | **0,35** | |
| **Bor** | ppm | 6 | 12 | **14,6** | |
| **Mangan** | ppm | 29 | 88 | **123,2** | |
| **Kupfer** | ppm | 4.0 | 10.9 | **8,0** | |
| **Zink** | ppm | 19 | 34 | **34,8** | |
| **Eisen** | ppm | 50 | 150 | **164,0** | |
| **Molybdän** | ppm | 0.10 | 0.30 | **0,6** | |

**Abb. 93** Beispiel für einen Ergebnisbeleg der Komplexen Pflanzenanalyse (nach Bergmann 1993).

Die Ergebnisse der Pflanzenanalyse werden in Zahlen und einer Grafik dargestellt. Die Werte liegen umso dichter beieinander, je besser Ihre Kultur mit ihrem Bodenleben interagiert. Weit in den Mangel- oder Überschussbereich abdriftende Werte sind vorwiegend die Folge von ungenügend diversem Bodenleben. Dadurch tritt die Nährstoffverdrängung stärker hervor. Blattdüngung der Mangelnährstoffe hilft deshalb nur zeitlich begrenzt. In Ihrer wachsenden Kultur hilft jetzt von den Maßnahmen der Bodenbelebung vor allem die Vitalisierung mit Komposttee.

## 7.5 Die Infrarot-Temperaturmessung

Das Infrarot-Thermometer (oder eine Wärmebildkamera) ist ein einfaches, schnelles und präzises Mittel zum Ermitteln der Temperaturdifferenz zwischen Umgebungsluft und den Blattflächen an heißen Tagen. Diese Methode ist vor allem für Kulturen, die im Sommer grün sind, und in Dauerkulturen interessant.

Die Blatttemperatur ändert sich direkt mit der Umgebungstemperatur, der Sonnenlichteinstrahlung und der relativen Luftfeuchtigkeit und indirekt mit der Wasserverfügbarkeit im Boden. Pflanzen kühlen sich durch Transpiration: sie verdunsten Wasser, wenn die Stomata geöffnet sind. Mit der Verdunstungsleistung sinkt die Blatttemperatur durch Verdunstungskühlung ab.

Ist diese gestört, findet auch weniger Fotosynthese statt. Ursachen für die verringerte Transpirationsleistung können Oberflächenverschlämmung, Unterkrumenverdichtungen, aber auch fehlende Wasserbindung des Bodens durch Humusmangel sein, aber auch übermäßige UV- oder Hitzestrahlungen sowie mechanische Verletzungen (Costa et al. 2013). Das kann zu Trockenheitssymptomen und zu erhöhter Blatttemperatur führen, auch wenn der Boden noch feucht ist (Bergmann 1993). Bei übernässtem Boden sinkt auch die Leistungsfähigkeit des Mikrobioms an den Wurzeln. Zu dessen Leistungen gehört die Unterstützung der Wasseraufnahme durch die Wurzeln.

Wenn die Luft mit Feuchtigkeit gesättigt, d. h. die relative Luftfeuchtigkeit hoch ist, verdunsten die Blätter weniger Wasser. Mit abnehmendem Transpirationssog sinkt die Nährstoffaufnahme durch den Massenfluss. Unterbodenverdichtung, verschlämmte Bodenoberflächen und fehlende mikrobielle Aktivität im Boden führen dann schnell zu Ca-, Mg-, Si- und B-Mangel, Nitratmangel tritt zuletzt auf.
Dieses Zusammenfallen mit Wassermangelursachen löst die Anfälligkeit für Blattkrankheiten aus, z. B. werden oft Pflanzen von Falschem Mehltau befallen. Eine hohe relative Luftfeuchtigkeit können Sie nicht beeinflussen, aber Unterbodenverdichtung, verschlämmte Bodenoberfläche und fehlende mikrobielle Aktivität im Boden.

Stress kann auch durch Schadorganismen und Nährstoffmängel ausgelöst werden. Sie sehen beginnenden Schaderregerbefall mit der Wärmebildkamera. Ein Blatt mit geschlossenen Stomata ist wärmer. Die Stomata sind geschlossen, wenn der Boden austrocknet, die Pflanze krank oder von Schadinsekten befallen ist (Costa et al. 2013). Sie finden Störungen in der Pflanzenphysiologie in den Blattetagen mit dem Thermometer, bevor die Symptome auftreten. Graben Sie bei erhöhter Blatttemperatur die Wurzeln aus und beobachten Sie den Wurzelverlauf. Eine Ursache kann Phosphorüberdüngung sein; kontrollieren Sie auf Feldern mit häufigem Trockenstress die Bodenuntersuchungen.

Am Wachstumsende, wenn die Blätter verwelken, reduziert sich der Stress-Index nach und nach auf ein moderates Niveau.

**Messung der Blatt-Temperatur**

1) Messen Sie die Wärme der Blätter während der Stunden der höchsten Sonneneinstrahlung (wenn Stress am wahrscheinlichsten auftritt) von 11.00 Uhr bis 16.00 Uhr. Messen Sie an heißen Tagen und bei geringer Windgeschwindigkeit. Die Blätter müssen trocken sein. Halten Sie das Sonnenlicht im Rücken. Zum Feststellen der Blatt-Temperatur nehmen Sie von drei bis fünf Proben den Mittelwert der Messwerte.

2) Messen Sie auf einem weißen Blatt Papier die Temperatur als Referenzwert. Halten Sie den Sensor so, dass der Messstrahl nicht in den Himmel oder auf den Boden zeigt. Nehmen Sie die Messwerte direkt im Feld und nicht vom Auto aus.
3) Notieren Sie die Temperaturdifferenz zwischen dem Referenzwert und der Durchschnittstemperatur der Blätter. Die Höhe dieser Temperaturdifferenz ist ein Maß für den Stressfaktor der Pflanzen.

Eine Blatttemperatur in Höhe des Referenzwertes oder darunter zeigt, dass sich die Kultur gut mit Wasser versorgen kann. Steigt die Blatttemperatur auf 4 °C und höher, ist die Wasseraufnahme gestört.

Insgesamt gilt: je kühler eine Kultur bleibt, desto höher ist der Ertrag und desto besser ist die Qualität der Ernte. Messen Sie auch die Blatttemperatur von „Unkraut" – Sie werden überrascht sein, wie effektiv diese Pflanzen sind.

Baumkulturen transpirieren langsamer, landwirtschaftliche Kulturen „schwitzen" mehr. Mais, Kartoffeln und Soja sind, im Gegensatz zu Bäumen, einjährig, haben kürzere und sehr viel weniger Wurzeln.

**Kurzfassung für die tägliche Praxis**

- An warmen Tagen können Sie mit dem Infrarotthermometer oder einer Wärmebildkamera feststellen, ob und wie Stress mindernde Maßnahmen wirken. Es kann sowohl biotischer als auch abiotischer Stress festgestellt werden. Die Methode bildet auch die abnehmende Aktivität der Wurzelmikroben ab.
- Der aktuelle Bewässerungsbedarf lässt sich effektiv mit dem Infrarot-Thermometer feststellen.
- Der Blatttemperaturtest ist eine schnelle Methode der Stressermittlung. Dokumentieren Sie die Messergebnisse, um an der Zeitreihe zu sehen, wie Ihre Bestände reagieren.
- Vergleichen Sie Sorten, Anbauverfahren, Unkraut und unbehandelte Parzellen im Schlag.

# 8 Das Zusammenspiel von Pflanzen und Bodenleben

Ertrag und Qualität sind kein Gegensatz, sondern bedingen sich gegenseitig. Wenn Sie ertragreiche und hochwertige Ernten erzeugen wollen, brauchen Sie zusätzlich zum Know-how der Betriebsführung, Pflanzenernährung und Phytopathologie das Wissen um die biologischen Vorgänge im Boden und in den Pflanzen. Gute Kenntnisse über Pflanzenernährung und Phytopathologie sind wichtig, reichen aber zum Erfassen der Wechselbeziehungen zwischen Pflanzen und Bodenleben nicht aus.

In diesem Buch wurde das praktische Umsetzen einer Humus- und Bodenleben regenerierenden Landwirtschaft vorn angestellt. Bleiben Sie nicht im kausalen, im „Rezeptdenken" hängen, auch wenn es in der chemisch-technischen Landwirtschaft einige Zeit gut funktioniert hat. Als Landwirt haben Sie die einzigartige Möglichkeit, für mehr Ausgangsprodukt im Verhältnis nicht mehr Ressourcen zur Verfügung stellen zu müssen. Jeder industrielle Produktionsprozess erbringt mehr Produkte durch mehr Rohstoffe – die Landwirtschaft kann im Gegensatz dazu ihre Effizienz bei abnehmendem Ressourcenbedarf steigern. Sie können es auch – wenn Sie Grundkenntnisse über die Bodenbiologie und Pflanzenphysiologie in Ihre täglichen Entscheidungen mit einbeziehen. Bedenken Sie bei jeder Entscheidung, bei jedem Arbeitsgang, ob Sie Ihrem Bodenleben guttun und Sie für „Pflanzenwohl" gesorgt haben. Das verlangt ein systemisches Denken. Das ist der größte Unterschied zu allen bisherigen, gut gemeinten Strategien des Pflanzenbaus. Der wichtigste Zusammenhang ist: Pflanze und Bodenleben mit ihrem gemeinsamen Stoffwechsel.

## 8.1 Pflanzenernährung – Bodenernährung

Wie ernährt man eine Kultur effizient? Es gibt zwei Wege: Entweder düngen Sie und führen so Nährstoffe zu – oder Sie ernähren Ihre Kultur aus dem aktiven Bodenstoffwechsel. Dazu ein Beispiel:

20 t Mist, 10 dt NPK 3 x 15 oder 300 dt Zwischenfrucht-Grünmasse enthalten etwa die gleichen Nährstoffmengen.

Berücksichtigt man den Transportaufwand, so ergibt sich folgende Rechnung:

- Für 20 t/ha Mistdüngung transportiert man z. B. 20.000 kg/ha Material zum Feld, mineralisch gedüngt wären es noch 1000 kg/ha.
- Für 300 dt/ha Biomasse aus Gründüngung sind es gerade mal etwa 50 kg/ha Saatgut, also gegenüber einer Düngung mit Mist 19.950 kg/ha weniger.

Das ist ein deutlicher Kostenvorteil. Und nicht nur das: Sie betreiben auf diese Weise sogar „Grünes Nährstoffrecycling“: Sie säen, lassen die Gründüngung wachsen, schälen Ihre Grünmasse für die Flächenrotte ein und säen wieder ...

**Pflanzenernährung durch Nährstoffzufuhr (Düngung) – durch „grünes Nährstoffrecycling“ (Gründüngung), verglichen an den Stoffmengen:**

Nährstoffzufuhr durch Dung oder Kompost, hier: 20 t Stalldung

| | |
|---|---|
| 74 kg N | (3,7 kg N/t Frischmasse) |
| 28 kg P | (1,4 kg P/t Frischmasse) |
| 190 kg K | (9,5 kg K/t Frischmasse) |
| 10 kg S | (0,5 kg S/t Frischmasse) |
| 302 kg NPKS | |

Nährstoffzufuhr aus der Zwischenfrucht, hier: 30 t Frischmasse

| | |
|---|---|
| 150 kg N | (5,0 kg N/t Frischmasse) |
| 18 kg P | (0,6 kg P/t Frischmasse) |
| 150 kg K | (5,0 kg K/t Frischmasse) |
| 12 kg S | (0,4 kg S/t Frischmasse) |
| 330 kg NPKS | |

Entscheiden Sie sich für die Ernährung aus dem Bodenstoffwechsel (was die obige Rechnung nahelegt), so stellt sich als wichtigste Frage: Wie erhält man die Nährstoffe aus der Gründüngung für die nachfolgende Kultur? Lässt man die Gründüngung abfrieren oder mulcht man, verliert man die meisten Nährstoffe, da sie ausgasen und ausgewaschen werden. Dadurch werden nicht nur das Klima und das Grundwasser belastet (Schulze et al. 2009), sondern diese Nährstoffe fehlen dann auch, um für hohe Erträge der Folgekultur zu sorgen. Bewachsene Felder in den Betriebsablauf zu integrieren, mit ihnen zu arbeiten und umzugehen – das muss neu erlernt werden. Der wichtigste Arbeitsgang, um die Nährstoffe aus der Gründüngung biogen zu binden, ist die Flächenrotte. Sie unterscheidet sich von der Flächenkompostierung dadurch, dass bei ihr das Bodenleben mit schnell umsetzbaren Zuckerverbindungen und Eiweißen aus dem frischen Grünmaterial „gefüttert“ wird und deshalb viel schneller und leistungsfähiger arbeiten kann. Und vor allem wird aus diesen energiereichen Stoffen im Boden, während des Wachstums der Erntekulturen, Humus gebildet.

Bei Flächenkompostierung hingegen werden Erntereste im Boden verstoffwechselt. Wegen des Energiemangels geschieht das langsam und durch Abbau – die Erntereste werden zu $CO_2$ und den mineralischen Nährstoffen abgebaut. Das $CO_2$ geht in die Atmosphäre – die Fotosynthese der Pflanzen ist wieder nötig, um daraus energiereiche Kohlenhydrate und andere Stoffe zu bilden. Nur mit Pflanzen- und

**Flächenrotte: die schnelle Umsetzung frischer organischer Substanz**

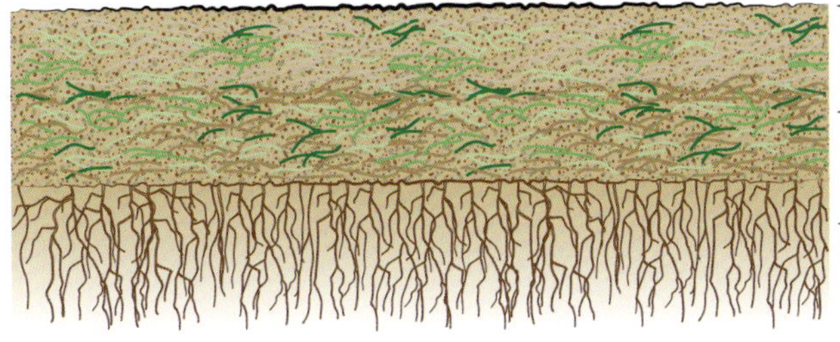


**Flächenkompostierung: der langsame Abbau von energiearmen Ernteresten**

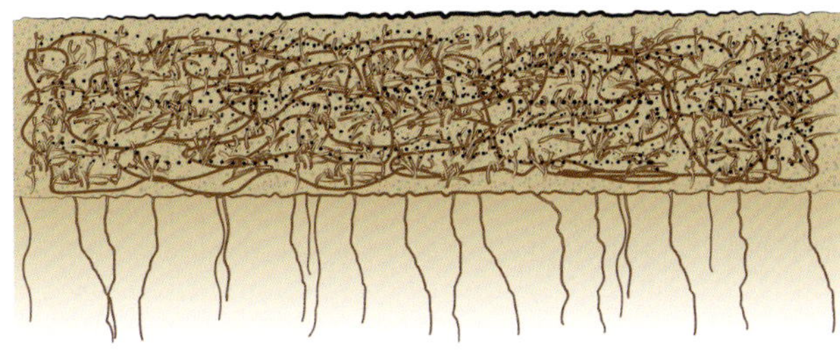


**Abb. 94** Flächenrotte – schnell, Flächenkompostierung – langsam.

Ernteresten, ohne energiereiches, frisches Pflanzenmaterial, muss der Kreislauf über die $CO_2$-Freisetzung von Neuem beginnen.

Die Flächenkompostierung können Sie als Bodenbedeckung in wachsenden Kulturen anwenden. Wurzeln und Bodenlebewesen werden dadurch beschattet – klimatisiert, solange Ihre Kulturen den Bestand noch nicht geschlossen haben. Bei Kartoffeln und Gemüse können Sie mit dem Einstreuen von frischem Grünhäckselgut oder Feststoffferment die Garebildung und stabile Erträge erreichen.

Der Unterschied zwischen der Nährstoffzufuhr durch Düngung und der Pflanzenernährung aus dem Bodenstoffwechsel entsteht durch die Arbeit des Bodenlebens. Es wird in den landwirtschaftlichen Kreisläufen immer „vergessen“, deshalb ist dieser Weg der Pflanzenernährung so unbekannt. Die Bodenlebewesen interagieren und kooperieren mit den Pflanzen über sich auf vielfältige Weise. Damit Sie diesen Prozess lenken können, brauchen Sie Grundkenntnisse zum Bodenleben und zur Physiologie der Pflanzen. Es hat sich in den letzten Jahren viel neues Wissen zu diesem Thema angesammelt, was Sie und ich während der Ausbildung noch nicht hören konnten – deswegen möchte ich es auf den nachfolgenden Seiten kurz erläutern.

## 8.2 Wege der Nährstoffaufnahme bei Pflanzen

Die meisten Nährstoffe werden von den Kulturpflanzen in einer Bodentiefe von 0–10 cm über die Feinwurzeln aufgenommen. Die Wege der Nährstoffaufnahme sind:

**Massenfluss – Nährstoffaufnahme im Wasser mit dem Transpirationssog**

- Nitrat als Säurerest $NO_3^-$
- Sulfat als Säurerest $SO_4^{2-}$
- Kalzium, als Ion $Ca^{2+}$
- Magnesium, ebenfalls als Ion $Mg^{2+}$
- Silizium als Orthokieselsäure
- Bor als Säurerest $BO_3^-$

Diese Nährstoffe werden stabil aufgenommen, wenn die Pflanze Wasser verdunstet und die Wasserzufuhr nicht durch Verdichtungshorizonte gestört ist. Diese Nährstoffe werden in der Pflanze schnell knapp auf verdichtetem Standort und bei Trockenheit, aber auch bei bedecktem Himmel oder niedrigen Temperaturen sowie hoher Luftfeuchtigkeit. Tritt eine dieser Bedingungen ein, nimmt die Fitness der Pflanze deutlich ab und sie wird anfällig für pilzliche Blattkrankheiten wie z. B. Falscher Mehltau.

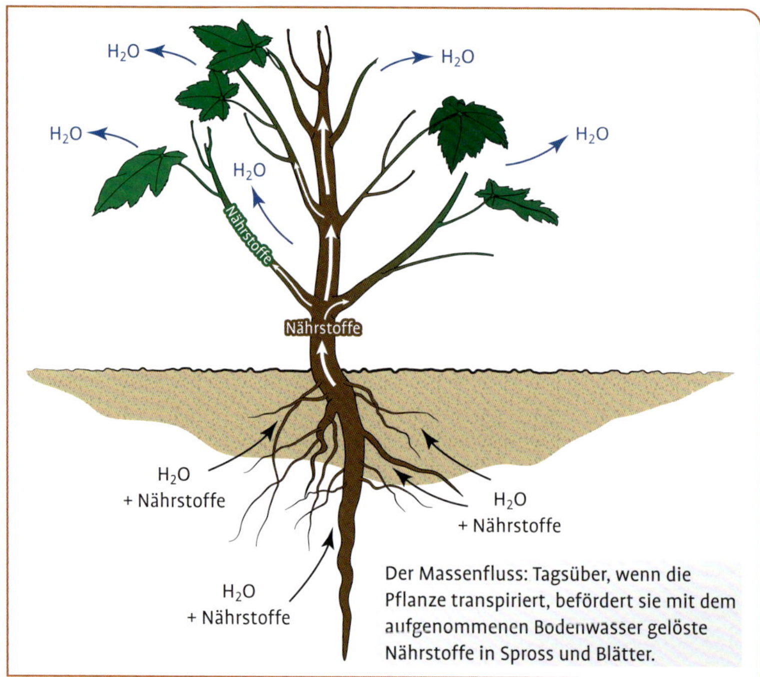


**Abb. 95** Massenfluss.

Kalzium und Magnesium benötigen darüber hinaus eine hohe Bodenatmungsrate ($CO_2$) zur Bildung von Kohlensäure. Damit können sich die Bikarbonate (doppelt kohlensaures Kalzium und Magnesium) bilden, denn die sind weitaus besser wasserlöslich als die einfache Karbonatform, mit der als kohlensaurer Kalk, Mergel oder Dolomit gedüngt wird.

| | | |
|---|---|---|
| Kalziumkarbonat | $CaCO_3$ | „einfach kohlensaures" Kalzium |
| Kalziumbikarbonat | $Ca(HCO_3)_2$ | „doppelt kohlensaures" Kalzium |
| Kohlensäure | $H_2CO_3$ | dissoziiert in der Bodenlösung zu: $H^+ + HCO_3^-$ (= Hydrogenkarbonat-Ion) |

Man sieht das im Albrecht-Bodentest am nahe beieinander liegenden gepufferten und Wasser-pH-Wert (um einen Wert von ca. 0,5 auseinander). Ist das Bodenleben wenig aktiv, zeigt der Albrecht-Bodentest weit auseinander liegende pH-Werte. Sie sehen es auch am negativen Karbonattest mit 10–16 %iger Salzsäure. In diesem Fall kann man die Kalzium- und Magnesiumaufnahme auch mit Düngung in Sulfatform (Gips und Kieserit bzw. Bittersalz) sichern. Allerdings nimmt damit die Pufferfunktion der Karbonate ab, sodass diese Wirkung ohne Boden belebende Maßnahmen nicht lange anhält.

Silizium wird durch Verstoffwechseln der Tonminerale in mikrobiell aktiver Umgebung pflanzenverfügbar. Eine vielfältige Zusammensetzung der Bodenmikroben, vor allem das enge Pilz-Bakterien-Verhältnis, fördert dessen Verfügbarkeit. Die Akteure der Siliziumverfügbarkeit sind die Bodenpilze und siliziumreiche Pflanzen wie Gräser und behaarte Unkräuter. Boden belebende Maßnahmen, vor allem die Flächenrotte mit Einspritzen von Pflanzenfermenten und die Vitalisierung mit Komposttee und Zusätzen fördern die Siliziumaufnahme.

**Diffusion – Nährstoffaufnahme durch Lösungsgefälle**

- Kalium, als Ion $K^+$
- Ammonium, $NH_4^+$

Dies ist vor allem von der Austauschkapazität im Boden abhängig. Bei hoher Austauschkapazität und geringer Bodenbelebung ist die Nachlieferung dieser Nährstoffe in die Bodenlösung gering (z. B. auf tonigen Standorten, aber auch auf Niedermoor), bei niedriger Austauschkapazität (Sandböden, humusarme Lehmböden) schwankt die Konzentration ständig und kann die Mikronährstoffaufnahme verdrängen.
Die Austauschkapazität des Ton-Humus-Komplexes ist stabiler, wenn die Aktivität des mikrobiellen Bodenlebens zunimmt, man sieht es im Albrecht-Bodentest an der nahe beieinander liegenden potenziellen und aktuellen Austauschkapazität und einem ENR-Wert (Expected nitrogen release – „erwartete N-Freisetzung"; siehe Kapitel 1.2: Bodenuntersuchung) bei etwa 20 kg N/Prozent Humus.

**Heranwachsen der Wurzeln an die gebundenen Nährstoffe (Interzeption)**

Phosphor ist besonders stark durch Mineralbildung im Boden gebunden. Erst durch den Stoffwechsel der Bodenpilze an den Wurzelspitzen, vor allem der Mykorrhiza, wird dieser in aufnehmbare, meist organische Verbindungen überführt (Kinsey 2014). Die Wurzeln „erwachsen" sich also den Phosphor – deshalb ist die Kontrolle der Wurzeln bei der Bestandes-Ansprache Ihrer Kulturen so wichtig.

Stickstoff und Schwefel können aus Bodeneiweißen und Aminosäuren am Ton-Humus-Komplex aufgenommen werden. Das ist die von Pflanzen bevorzugte Aufnahmeform. Man sieht es deutlich, wie sich Wurzeln organische Stoffe im Boden erschließen können.

Die meisten Mikronährstoffe werden durch die wachsende Wurzelspitze als organisch-chemische Komplexe (Chelate) aufgenommen (Mengel 1963, 1983):

- Kupfer
- Zink
- Eisen
- Mangan
- Selen
- Molybdän
- Kobalt

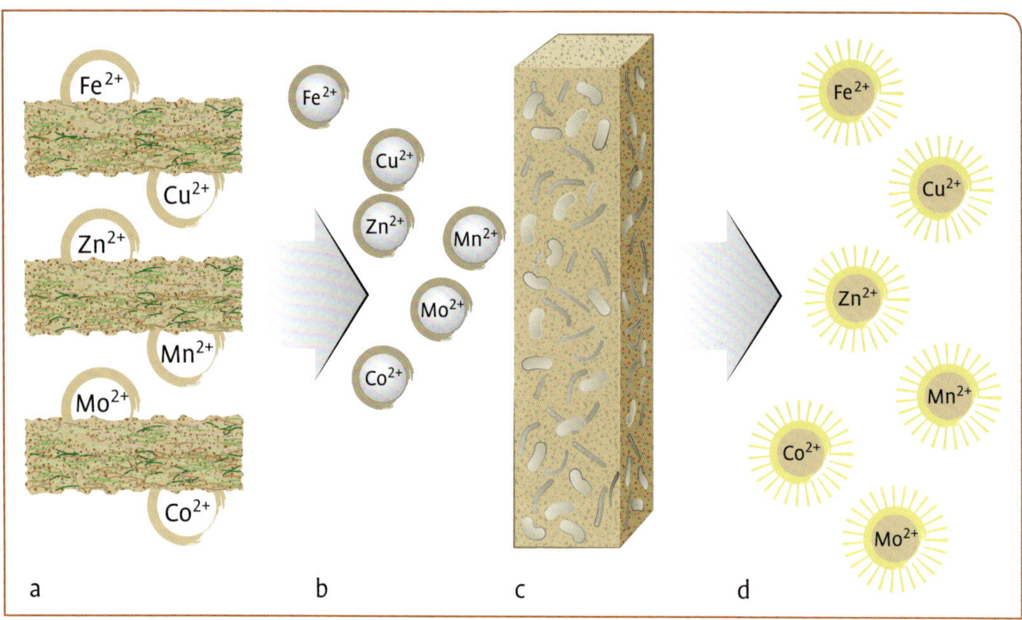


**Abb. 96** Chelatbildung an der Wurzelhaube.
Die Chelatisierung der metallischen Mikronährstoffe
**a** Ton-Humus-Komplex als Kationen-Austauscher
**b** Bodenlösung mit Nährstoff-Ionen
**c** Lebende organische Substanz als Boden, verstoffwechselt die Nährstoffionen
**d** Nährstoffionen mit Eiweißhülle als natürliche Chelate, pflanzenaufnehmbar

Diese Nährstoffe sind am besten verfügbar in einem mikrobiell aktiven, garen Boden. Sie werden stark gehemmt, wenn der Bodenstoffwechsel oxidativ, also abbauend, ist. Zusätzlich wirken Überdüngungen (auch aus organischen Düngern) verdrängend auf die Mikronährstoffaufnahme. Verdichtungszonen im Boden haben durch beschränktes Wurzelwachstum ebenfalls hemmende Effekte.

**Kurzfassung für die tägliche Praxis**

- Die Aufnahme aller Nährstoffe wird von einer ungestörten, hohen mikrobiellen Aktivität an den Wurzeln gefördert.
- Die meisten Nährstoffe werden in organisch verstoffwechselter Form aufgenommen. Diese Form wird bevorzugt, was am Wurzelwachstum zu beobachten ist. Für einige Nährstoffe als Salz-Ion hat die Pflanze spezielle Aufnahmewege.
- Die Nährstoffaufnahme ist am höchsten, wenn die Umgebung für das Wurzelwachstum am günstigsten ist.

## 8.3 Pflanzen und Bodenmikroben bilden das Bodennahrungsnetz

„Das Bodenleben“ – was ist das? Es ist die Gesamtheit aller lebenden Organismen im Boden: Mikroben (Bakterien, Archaeen und Pilze), Mikrofauna (kleinste Bodentiere, z. B. Geißeltierchen, Amöben, Wimpertierchen), Meso- und Makrofauna (z. B. Nematoden, Collembolen, Milben, Regenwürmer) sowie die sichtbaren größeren Bodentiere. Nicht zu vergessen die lebenden Pflanzenwurzeln, die auch dazugehören. Das Bodenleben lebt von den Fotosyntheseprodukten der Pflanzen über ihnen, die sie verstoffwechseln, also abbauen, aber auch in ihre eigenen Körper einbauen. Aus den Assimilaten, die die Pflanzen über die Wurzelspitzen ausscheiden, entsteht so über viele Stoffwechselschritte die lebende Substanz des Bodens – und deren Stoffwechselendpro-

**Abb. 97** Yin-Yang Pflanze und Bodenleben.

dukt – der Humus. Die Fotosynthese ist also die Energiequelle für den Humus – die Pflanze (samt Wurzeln) ist der Weg für die Sonnenenergie in den Boden.

Das Bodenleben funktioniert wie ein Netz. Dieser Begriff stammt von Elaine Ingham (1999) und bringt die vielfältigen Quer- und Rückbezüge zum Ausdruck. Generell kann man mehrere Ernährungsniveaus (und „auf“ diesen Niveaus lebende Gruppen von Bodenorganismen) unterscheiden. Am Beginn des Bodennahrungsnetzes steht die wachsende Pflanze, die einen großen Teil ihrer Fotosyntheseprodukte, also einfache Kohlenhydrate (Zucker), aber auch sekundäre Inhaltsstoffe durch die Wurzeln ausscheidet. Nach Kutschera/Lichtenegger/Sobotik (2009) ist es die erste Funktion der Wurzel, Assimilate zwischenzuspeichern. Es werden ständig Wurzeln neu gebildet und abgebaut. Pflanzen ernähren so das Bodenleben in der unmittelbaren Umgebung ihrer Wurzeln, der sogenannten „Rhizosphäre“. Deshalb wird in diesem Buch vom gemeinsamen Stoffwechsel der Pflanzen und Bodenlebewesen geschrieben – es ist der Ausgangpunkt der Bodenleben regenerierenden Landwirtschaft.

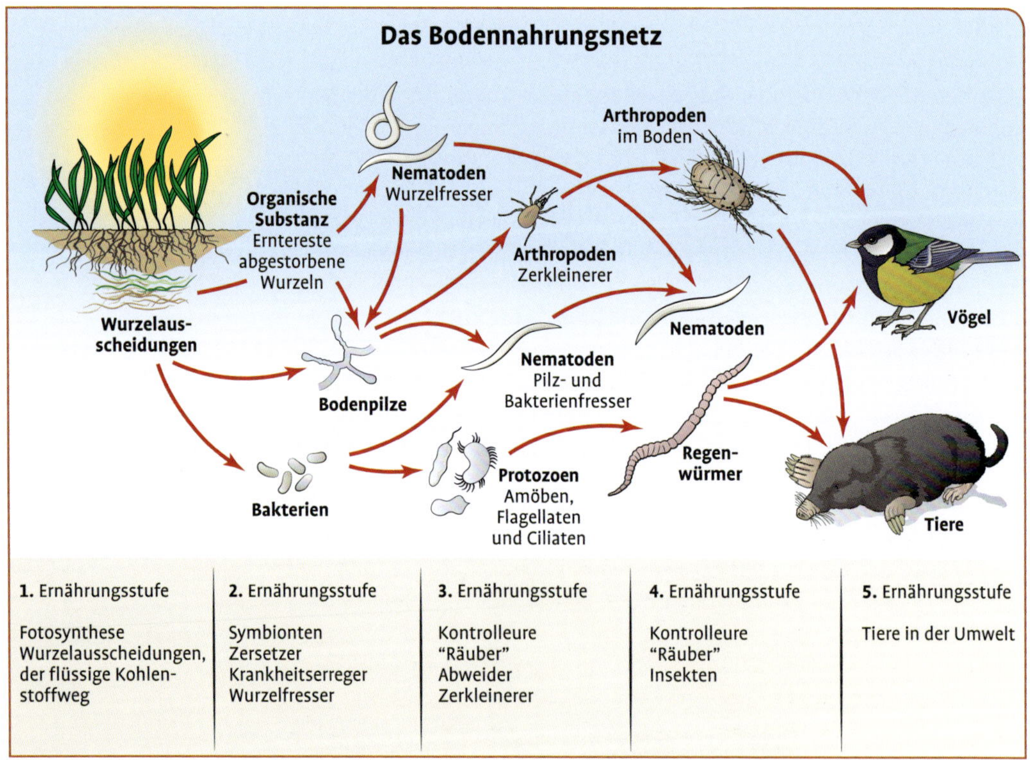


| 1. Ernährungsstufe | 2. Ernährungsstufe | 3. Ernährungsstufe | 4. Ernährungsstufe | 5. Ernährungsstufe |
|---|---|---|---|---|
| Fotosynthese<br>Wurzelausscheidungen, der flüssige Kohlenstoffweg | Symbionten<br>Zersetzer<br>Krankheitserreger<br>Wurzelfresser | Kontrolleure<br>"Räuber"<br>Abweider<br>Zerkleinerer | Kontrolleure<br>"Räuber"<br>Insekten | Tiere in der Umwelt |

**Abb. 98** Das Bodennahrungsnetz (in Anlehnung an „The Soil Food Web“ von Elaine Ingham).

Mit zunehmender Vielfalt im Boden folgen weitere Ernährungsstufen, wenn Sie den Anfang – in Gestalt der bewachsenen Felder – geschaffen haben. Damit entstehen die unkraut- und krankheitsunterdrückenden Eigenschaften garer, lebendiger Böden.

**Die Ernährungsstufen beschreiben das Zusammenleben des Bodenlebens mit den Pflanzen:**

1) Das „Füttern" des Bodennahrungsnetzes durch energiereiche Fotosyntheseprodukte (Zucker u. a.), die durch die Wurzeln „nach unten" geleitet und von dort aus abgegeben werden (Jones 2015). Ebenso die Ernährung des Bodenlebens durch organische Reste.
2) Symbionten der Pflanzen und Zersetzer von organischen Resten im Verhältnis – sie sollten miteinander im Gleichgewicht stehen. Pflanzen vergrößern durch die Symbionten ihre Wurzeloberfläche im Boden, kontrollieren aber auch mit den Symbionten die wurzelbürtigen Krankheitserreger. *Werden die Symbionten unzureichend von den Pflanzen ernährt, nehmen die Wurzelschaderreger und ihre Schäden zu.*
3) Mikrofauna-Arten kontrollieren wie „Raubtiere" (Predatoren) die Entwicklung der mikrobiellen Gemeinschaften und verhindern überschießende Vermehrung einzelner Arten der 2. Ernährungsstufe. *Eine artenreiche Mikrofauna reduziert die Unkrautkeimung und die Krankheitsanfälligkeit der Kulturen.* Gleichzeitig sind sie die „Nährstoffaufschließer", indem sie Mikroben verstoffwechseln. Fehlender Artenreichtum der Mikrofauna führt zu den typischen „Nitratschüben" im Mai und August und den folgenden Krankheiten in den Kulturen; siehe auch die Beschreibung der Protozoa und Nematoden.
4) Größere Bodentiere treten ebenfalls als „Räuber" und damit als Kontrolleure der Mikrofauna auf (Regenwürmer fressen zum Beispiel protozoenreichen Boden).
5) Auch höher entwickelte Tiere interagieren mit dem Bodenleben und den Pflanzen. Dabei bilden sich Gleichgewichte aus, die dazu führen, dass sich die gesamte Fruchtbarkeit und Artenvielfalt des Bodens entfalten lassen kann.

Bodenleben, insbesondere mikrobielles Bodenleben, entwickelt sich nur unter pflanzlichem Bewuchs. Wird der Boden zu lange und zu stark bearbeitet, leidet das Bodenleben und damit die Bodenfruchtbarkeit darunter.

Verliert ein Boden sein mikrobielles Leben, bringt er vermehrt tierisches Eiweiß hervor, in Form von Boden-Schadinsekten wie Erdraupen, Drahtwürmern, Rüsslerlarven, aber auch tief grabenden Regenwürmern. Nehmen Sie den Spaten in die Hand und sehen Sie sich nicht nur die senkrechten Regenwurmröhren an, sondern den Boden, durch den sich die Tiere gegraben haben.

Die mikrobielle Wiederbesiedelung des Bodens beginnt immer bakteriell (Ingham 1999). Diese Bakterien mobilisieren und produzieren zwar reichlich Nährstoffe. Diese gehen aber wegen ihres engen C:N-Verhältnisses von 5:1 und weniger verloren, solange nicht auch Protozoen, Bodenpilze und Mikrofauna artenreich vertreten sind. *Der bakteriell verursachte, aber nicht mehr von den anderen Bodenlebewesen „weiterverarbeitete" Nährstoffschub ist der wichtigste Keimreiz für Unkräuter*. Dem können Sie vorbeugen, indem Sie die Vegetationspausen zwischen den Kulturen vermeiden, aber auch mit Pflanzen-Gemengen arbeiten – das heißt: Untersaaten, Beisaatpartner (z. B. in Raps und Körnerleguminosen) und Zwischenfrucht-Gemenge anbauen, wo es nur irgend geht. Denn: Viele Pflanzenarten machen auch viele mikrobielle Lebensfunktionen des Bodens wirksam.

**Die mikrobiellen Lebensfunktionen des Bodens sind im Einzelnen:**

- Speicherung der Nährstoffe im neu gebildeten Humus – von Pflanzen aufnehmbar, aber nicht mehr auswaschbar.
- Reduzierung der Nährstoffverluste und damit eine höhere Effizienz der zugeführten Nährstoffe.
- Wasserversickerung und Wasserbereitstellung werden allgemein für eine physikalische Bodenfunktion gehalten, diese funktioniert aber nicht im unbelebten Boden.
- Vermeiden von Erosion, dem Auflösen der Bodenkrümel. Auch die „innere Erosion", also die Feinbodeneinwaschung in den Unterboden, wird vermieden.
- Leichte Bearbeitbarkeit. Die schweren Böden werden wieder leichter bearbeitbar, wenn sie belebt sind. Das spart Energie und Kosten.
- Unkrautunterdrückung. Je weniger Bodenleben erhalten ist, umso stärker breitet sich „Unkraut" aus. Viel „Unkraut" ist also die Folge von zu wenig Bodenleben, nicht von zu wenig Bekämpfung.
- Krankheitsunterdrückung. Ein artenreiches Bodenleben lässt eine ausgewogene, bedarfsgerechte Nährstoffaufnahme der Kulturen zu, sodass die Kulturen resistent werden. Gegen „unbeherrschbare" Krankheiten hilft immer die Mischkultur.
- Erntequalität. Auch diese ist gegeben, wenn Ihre Böden vielfältig belebt sind. Es ist nicht immer die „falsche" Sorte – oft fehlt es dem Boden an Leben.

**Das Bodenleben setzt sich aus Mikroorganismen zusammen, dem sogenannten Mikrobiom, der Mikrofauna und den größeren Bodentieren. In einem Quadratmeter belebten Boden sind z. B. enthalten:**

| Bodenlebewesen | Anzahl Individuen | |
|---|---|---|
| Bakterien | 100.000.000.000.000 | $10^{14}$ Mikroben |
| Pilze | 10.000.000.000.000 | |
| Algen | 1.000.000.000.000 | |
| Nematoden, Springschwänze, Milben | 111.000.000.000 | $10^{11}$ Mikro-Tiere |
| Andere Kleintiere | 111.111.000 | |
| Regenwürmer | 100 | $10^{2}$ große Bodentiere |

Wie aus der Tabelle ersichtlich, lässt sich vermuten, dass das Mikrobiom wegen der hohen Anzahl der Individuen wohl am leistungsfähigsten ist. Größere Bodentiere – z. B. die Regenwürmer – sind ein Teil des Bodenlebens, sie werden aber, da sie gut zu sehen sind, in ihrer Bedeutung überschätzt. Das Wissen um das Bodenleben muss also unbedingt die Eigenschaften der mikrobiellen Gruppen mit einbeziehen.

Quelle: Bodenatlas 2015, Heinrich-Böll-Stiftung

## Die Eigenschaften der Bodenbakterien

Bakterien haben im Unterschied zu allen anderen Mikroorganismen im Boden drei für sie typische Eigenschaften:

- Dominanz,
- Quorum sensing (ihre Anzahl spüren),
- Kompetenzaneignung.

Die Bakterienwelt unter unseren Füßen lässt sich grob in drei Stoffwechselgruppen einteilen:

- Aufbauende/regenerative/fermentaktive (ca. 10 %)
- Neutrale – opportunistische (ca. 80 %, das Paretoprinzip – die 80-zu-20-Regel)
- Abbauende/degenerative/Fäulnis bildende und/oder Krankheiten auslösende (ca. 10 %)

Die neutralen Mikroorganismen bilden die größte Gruppe und folgen nach dem sogenannten Dominanzprinzip jener Gruppe, die in einem System bestimmend ist. Wenn also ein Milieu geschaffen wird, in dem aufbauende Mikroorganismen vorherrschend sind, folgen die neutralen dem Aufbauprozess. Dieses Prinzip ist auf alle Bakterienbesiedlungen anwendbar.

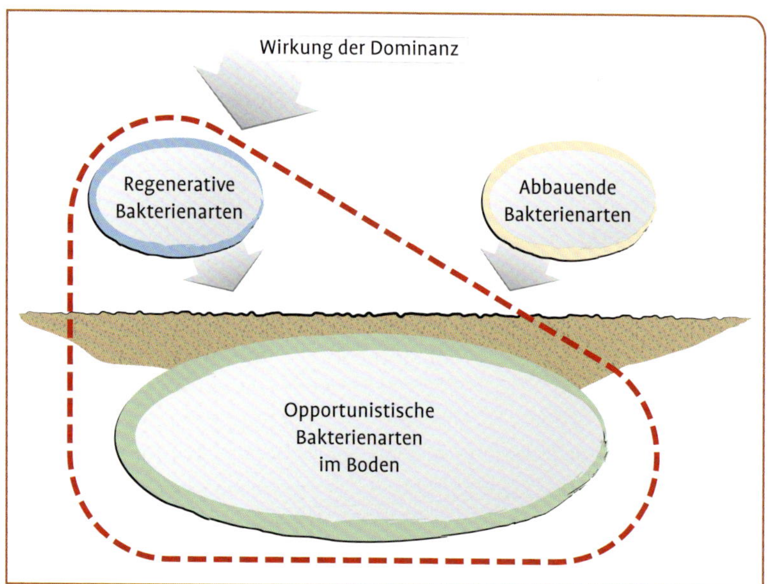


**Abb. 99** Dominanz bei Bakterien.

Die Dominanzausbildung ist die wichtigste Eigenschaft der Bakterien. Sie können sich diese zunutze machen, um den Bodenstoffwechsel aus dem oxidativen Abbau der organischen Substanz heraus zu steuern, wenn während der Bodenbearbeitung nichts wächst und es die Pflanzen deshalb nicht können.

Ein typisches Beispiel für die Ausbildung von Dominanz bei Bodenbakterien ist der Heubazillus – *Bacillus subtilis*. Diese Gruppe lebt sowohl nahe an der Bodenoberfläche an der Halmbasis der Gräser, als auch darunter. Dort ist es nicht gleichmäßig feucht und warm, das Milieu ändert sich jede Stunde. Deswegen ist der *Bacillus subtilis* sehr anpassungsfähig. Er kann zwischen mehreren Stoffwechselwegen wechseln, je nach Lebensmilieu, mit oder ohne Luft, und in Anpassung an das Nahrungsangebot. Ist z. B. der Sauerstoff der Bodenluft veratmet, kann sich *Bacillus subtilis* durch Gärungsstoffwechsel ernähren. Wenn einfache Zucker, wie Glukose, zur Verfügung stehen, bildet er dabei organische Säuren, z. B. Milchsäure. Wenn genügend Zucker an den Wurzeln ausgeschieden wird, kann es dafür sorgen, dass die anderen Bodenbakterien trotz ihrer Artenvielfalt vorrangig eine milchsaure Phase im Bodenstoffwechsel ausbilden. Abbauende Mikroorganismen, die zu diesem „Umschalten" nicht in der Lage sind, werden dabei aus dem Milieu verdrängt. Fäulnis und Nährstoffverluste werden so verhindert.

Sind diese Bodenbakterien in genügend großer Anzahl vorhanden, können sie abbauende Bakterienarten aus dem Milieu verdrängen. Fäulnis und Krankheiten werden so verhindert. Es gilt, den Boden mit diesen aufbauenden Mikroben anzureichern, also zu „beleben". Und hier setzt die Steuerung des Bodenstoffwechsels durch Pflanzenfermente beim Einschälen der grünen Pflanzenmasse an.

Bakterien können „zählen“: Das ist das Quorum sensing. Das ist die Eigenschaft einiger Bakterienarten, mit ihren Stoffwechsel-Aktivitäten erst zu beginnen, wenn sich an einem Ort hinreichend viele Einzelzellen dieser Art konzentriert haben. Reicht deren Anzahl und Dichte aus, dann bewirkt ihr gemeinsamer, gleichzeitig koordiniert einsetzender Stoffwechsel den Effekt. Viele Milchsäurebildner im Boden haben diese Eigenschaft. Deswegen braucht man für die Steuerung des Bodenstoffwechsels anfangs eine höhere Aufwandmenge Pflanzenferment.

Es gibt Bakterienarten, die so dominant sind, dass andere Arten der bakteriellen Gemeinschaft ihren Stoffwechsel nach der dominanten Art ausrichten. Dadurch kann sich sogar die Anordnung der Gene auf dem Zellkern ändern. Die opportunistischen Arten werden regelrecht umgewandelt. Eine derart starke Dominanz nennt sich Kompetenzaneignung. Auf diese Weise können sich z. B. Streptomyces, eine Art der Aktinomyceten und wichtige Bodenbakterien, vermehren ohne sich zu teilen.

In der Natur herrscht der Grundsatz, dass Gesundes gesund erhalten, Krankes aber abgebaut und somit wieder in den Kreislauf zurückgebracht wird. Ein gesundes Bodennahrungsnetz, ebenso wie auch gesunde Pflanzen, werden nicht von schädlichen Bakterien oder Pilzen befallen. Die Steuerung des Bodenstoffwechsels bei der Flächenrotte und die Nährstoffverhältnisse ausgleichende, Boden belebende Düngung führen zu unkraut- und krankheitsunterdrückenden Bodeneigenschaften. Das ist ein erstaunlicher Effekt, der von Beginn des regenerativen Anbaues an einsetzt. Ihr Wissen um die Eigenschaften der Bodenlebewesen führt zur Unkraut- und Krankheitsunterdrückung – einfacher und wirksamer als Ihr „Kampf“ gegen Krankheiten und Unkräuter.

Einige typische Mikrobengruppen des Bodennahrungsnetzes sind:

- Cyanobakterien
- Milchsäure bildende Bakterien
- Hefen
- Aktinomyceten
- Fermentaktive Pilze

**Cyanobakterien**

Sie wurden früher auch Blaualgen genannt. Sie betreiben Fotosynthese wie Pflanzen und leben von Stickstoffverbindungen. Man vermutet, dass sie bei der Entstehung der Pflanzen als Chloroplasten in deren Zellen integriert wurden (Endosymbionten-Theorie, Margulis 2017). Sie können ohne Sauerstoff leben, Luftstickstoff binden und Wasser spalten. Dabei entstehen Sauerstoff und Wasserstoffkerne, die $H^+$-Ionen. Diese sind Kationen, wie $Ca^{2+}$, $Mg^{2+}$ oder $K^+$, deshalb hält sie der

Kationen-Austauscher, also der Ton-Humus-Komplex fest. So sind die Cyanobakterien eine Energiequelle im Boden.

Es ist auch eine Notfallmikrobe: Sieht man ihren grünen Schimmer auf der Bodenoberfläche, weist das auf Verdichtung hin. Bodenmikroben, die Luftsauerstoff benötigen, um organische Stoffe zu verdauen, sind in ihrer Aktivität behindert. Deshalb fehlt es in verdichtetem Boden an Bodenatmung, also an $CO_2$-Bildung. Damit nimmt die Nährstoffaufnahme der Pflanzen ab – und gleichzeitig die Ernährung der wurzelbesiedelnden Bodenmikroben. Es fehlt in verdichtetem Boden an organisch gebundenem Kohlenstoff. Das Kohlenstoff-Stickstoff-Verhältnis verengt sich unter 9:1, der Stickstoff geht verloren, weil Kohlenstoff für die N-Bindung fehlt. Da unter diesen Bedingungen die organischen Stoffe für die Ernährung aller Ernährungsstufen des Bodennahrungsnetzes knapp werden, nehmen die Cyanobakterien sichtbar zu, sie brauchen als Lebewesen, die sich „photoautotroph" (d. h. Bildung ihrer eigenen Nahrung mithilfe des Sonnenlichtes) ernähren können, keine organischen Stoffe und keine Energie aus zuckerhaltigen Wurzelausscheidungen.

Die Enzyme der Cyanobakterien sind in der Lage, gleichzeitig Sauerstoff aus der Wasserspaltung zu gewinnen, auch in tieferen Bodenschichten, wo kein Licht hinkommt. Enzyme wirken auch, wenn die Mikroben, die sie „hergestellt" haben, nicht mehr aktiv sind. So versorgt sich der verdichtete Boden langsam aufs Neue mit Sauerstoff. Cyanobakterien sind daher ein Teil der wiederbelebenden Prozesse auf geschädigten Böden.

### Milchsäure bildende Bakterien

Es gibt viele Bakterienarten, die zur Milchsäurebildung fähig sind. Ein Beispiel sind die genannten *Bacillus-subtilis*-Arten, die bei Verfügbarkeit von leicht abbaubaren Kohlenhydraten, den Zuckern, in einem anaeroben Milieu durch den Gärungsstoffwechsel Milchsäure bilden können. Dieses anaerobe Milieu wird durch $CO_2$-Bildung in Folge der Bodenatmung gebildet. Es entsteht im Boden lokal eng begrenzt und vorrangig in der Rhizosphäre, an den Wurzelspitzen. Die intensiven Zuckerausscheidungen der Pflanzen im Boden sind als die Quelle der kurzen, milchsauren Stoffwechselphase ein entscheidender Prozess der Humusbildung und der Nährstoffbindung im Boden. Deshalb ist es so wichtig, die Kulturen zu einer hohen Fotosyntheseleistung zu bringen. Das „Pflanzenwohl", die hochaktiv assimilierende Pflanze, zusammen mit den Milchsäurebildnern, ist ein zentraler Faktor für die Kohlenstoffbindung, die Humusbildung im Boden. Die Milchsäurebildung ist darüber hinaus ein Anti-Stress-Faktor für die Bodenmikroben.

**Bodenpilze**

Pilze werden bisher meist nur „oberirdisch“ als Schadpilze an den Kulturen wahrgenommen. Ihre Funktionen in der mikrobiellen Gemeinschaft im Boden werden gerade erst genauer erforscht. In einem dauernd bewachsenen, wenig bearbeiteten Boden können die Bodenpilze so zunehmen, dass sie den größten Anteil der Biomasse ausmachen. Ihre Artenvielfalt ist mit Abstand die größte im Boden-Mikrobiom, es sind bislang keine 10 % der Arten beschrieben worden. Ihre Vielfalt lässt darauf schließen, dass sie im Boden ein breites Spektrum an Aufgaben erfüllen. Gelingt es, durch Anbau und Kulturmaßnahmen die pilzliche Vielfalt im Boden zu fördern, wird der gesamte Anbau stressfester, klimafester, stabiler – und die Qualität der Produkte steigt.

Häufig treten Pilze dann als Schaderreger auf, wenn im Boden ein Mangel an pilzlicher Vielfalt besteht. Lange Vegetationspausen zwischen den Kulturen, hohe Bearbeitungsintensität und hohe Intensität bei den Agrochemikalien, aber auch organische Dünger im Übermaß schädigen die Vielfalt der pilzlichen Bodenflora und unterdrücken dadurch erwünschte Bodenfunktionen der Pilze. Etwa diese:

1) Bodenpilze können in kurzer Zeit Nitrat aufnehmen und in ihre Biomasse integrieren (Strauss 2017). Sie sind damit ein entscheidender Faktor bei der biogenen Stickstoffspeicherung im Boden; der Stickstoff aus dem Nitrat ist in dieser umgewandelten Form nicht mehr auswaschbar, aber Pflanzen können ihn bedarfsgerecht aufnehmen. Nitratstickstoff muss, in den Pflanzen wie im Boden, energieintensiv reduziert werden, um zu Ammonium oder Aminosäuren umgewandelt zu werden. Pilze können diese Leistung nur

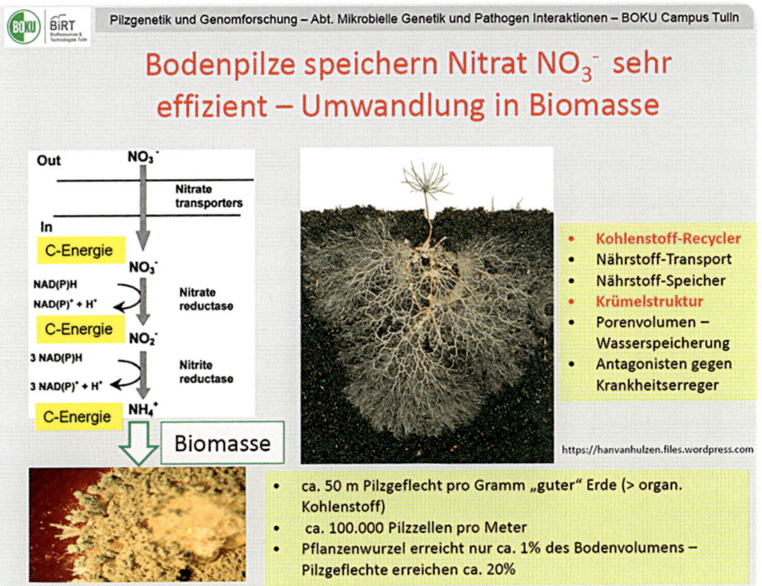


**Abb. 100** Effiziente Nitrataufnahme durch Bodenpilze.

erbringen, wenn sie von ihren pflanzlichen Partnern Energie in Form von zuckerhaltigen Wurzelausscheidungen bekommen, um den hohen Energiebedarf bei der Nitratreduktion decken zu können. Die Bodenpilze verbessern mit dieser Funktion die N-Effizienz und tragen damit wesentlich zum Grundwasserschutz bei.

2) Bodenpilze schaffen durch ihr Wachstum regenstabile Bodenkrümel. Gleichzeitig „bauen" bzw. formen sie sich damit ihr Habitat, die mittleren Poren im Boden, die eine gleichmäßige Wasserversickerung und den Gasaustausch im Boden fördern. Eine bekannte Gattung sind die Mykorrhiza-Pilze, deren Stoffwechselprodukt Glomalin die runden Krümel formt. Im Glomalin, dem „Bodenklebstoff", ist außerdem viel Kohlenstoff „biogen" gebunden (Wright/Nichols 2002).
3) Bodenpilze können Antibiotika bilden und schützen sich und ihre energieliefernden Wirtspflanzen so vor den Angriffen von „Fressfeinden" (z. B. abbauenden Bakterienarten). Bodenpilze sind damit wichtig für die Pflanzengesundheit. Geht ihre Vielfalt verloren, werden Kulturpflanzenbestände anfällig – speziell für Erkrankungen durch „Schadpilze".
4) Bodenpilze benötigen einen gut strukturierten, porösen, lebend verbauten Ackerboden. Wenn regenerativ-dauergrün angebaut wird, nimmt das Pilzwachstum deutlich zu. Besonders einkeimblättrige Pflanzenarten (Gräser) im Gemenge oder als Untersaatmischung fördern die Entwicklung bodenpilzlicher Vielfalt. Die Bodenatmung ist unter Gräsern höher als unter breitblättrigen Pflanzenarten, die $CO_2$ – und damit Kohlensäurebildung $H_2CO_3$ – auch. So bildet sich

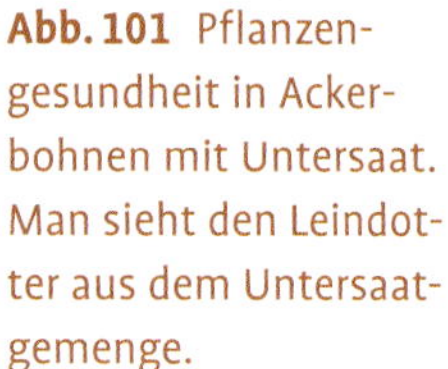

**Abb. 101** Pflanzengesundheit in Ackerbohnen mit Untersaat. Man sieht den Leindotter aus dem Untersaatgemenge.

ein leicht saures Milieu, etwas unter pH 7, in dem die Bodenpilze am besten gedeihen. Dieser leicht saure pH-Wert durch Bodenatmung ist die Grundazidität des Bodens, die für eine hohe Nährstoffverfügbarkeit so wichtig ist. Das ist eine biogen entstandene Säuerung, keine Kalkauswaschung oder Aluminiumfreisetzung aus den Tonmineralien.

Da Pilze empfindlich auf intensive Bodenbearbeitung reagieren, sollte der Acker möglichst wenig bearbeitet werden. Die vorgeschlagene Bodenbearbeitung der Regenerativen Landwirtschaft – das flache Einschälen der Gründüngungen und die Unterkrumenlockerung – belassen bis auf wenige Zentimeter an der Oberfläche die natürliche Schichtung des Bodens. Besonders die Anwendung der Pflanzenfermente bei diesen Arbeitsgängen führt zu einer schnellen Zunahme der lebend verbauten, regenstabilen Bodenkrümel durch die biologische Aktivität der Bodenpilze.

Besonders schlecht vertragen Bodenpilze eine Eiweiß abbauende, fäulnisähnliche bakterielle Dominanz. „Düngung“ mit Fäulnismikrobiologie, z. B. mit organischen Düngern, die sich in Zersetzung befinden und zusätzlich noch in den Boden eingearbeitet werden, der dann auch noch lange unbedeckt bleibt, lässt die Bodenpilze verschwinden. Im Gegensatz dazu fördert es die Pilze, wenn organische Dünger belebt (fermentativ behandelt) und in wachsende Bestände ausgebracht und dabei nicht eingearbeitet werden.

Mykorrhiza-Arten sind eine wichtige Gruppe von Bodenpilzen. Sie leben eng verbunden mit den Wurzeln der Pflanzen, die diese Mykorrhiza-Pilze ernähren und denen die Mykorrhiza Wasser und Nährstoffe

**Abb. 102** Untersaat im Raps gleicht den Mangel an Mykorrhiza-Pilzen aus.

liefert. Diese Symbiose vergrößert die Wurzeloberfläche effektiv, denn die Hyphen der Mykorrhiza-Pilze haben einen geringeren Durchmesser als Haarwurzeln und können Bodenporen erschließen, die Pflanzen nicht zugänglich sind. Dabei werden die Bodenporen mit Glomalin stabilisiert. Das kann man sehen, wenn man Wurzeln ausspült und die Erde sich nur schlecht entfernen lässt.

Etliche Ackerbaukulturen leben nicht in einer Symbiose mit einer Mykorrhiza-Pilz-Art an ihren Wurzeln. Um die Bodenstruktur dennoch

**Abb. 103** Kohl mit Kleegras-Untersaat (Green Carbon Fix).

**Abb. 104** Hokkaido-Kürbis mit Untersaat.

zu verbessern, ist es daher wichtig, gräserhaltige Zwischenfrüchte anzubauen, denn Gräser sind exzellent mykorrhiziert. Auch im Raps, ebenfalls nicht mykorrhiziert, kann der Untersaatanbau mit Gräsern umgesetzt werden, wodurch er als Vorfrucht erheblich besser wirkt. Zuckerrüben, auch nicht mykorrhiziert, mit Untersaat anzupflanzen, ist bisher noch nicht gelungen – eine ambitionierte Aufgabe. Im Gemüseanbau werden überwiegend nicht mykorrhizierte Arten angebaut. Hier können Sie mit Zwischenfrüchten zwischen den Sätzen oder mit Untersaat arbeiten, damit sich z. B. auch in den Kohlgemüsen oder beim Kürbis Mykorrhiza bildet und Glomalin erzeugt. Der Gemüseanbau gilt als bodenschädigend, was er aber nicht sein muss. Mit pflanzlicher Vielfalt in den nicht mykorrhizierten Kulturen können Sie dem vorbeugen.

**Aktinomyceten**

Sie sind „filamentöse Bakterien", können also den Pilzhyphen ähnliche Strukturen, die Filamente, ausbilden. Mit ihren Eigenschaften aus dem Bakterien- und dem Pilzreich sind sie eine Gruppe „dazwischen". Sie werden erst durch Quorum sensing aktiv: Sind sie zu wenige, arbeiten sie nicht, werden sie durch den Gräseranbau mehr, vermehrt sich diese Restbesiedelung im Boden wieder und wird schnell aktiv. Einzelne Arten können fakultativ anaerob leben, was die meisten Pilze nicht können. Sie können schwer zersetzbare Kohlenhydrate wie Zellulose und Lignin abbauen, was wiederum viele Bakterien nicht beherrschen. Da einige ihrer Arten Eigenschaften aus dem Bakterienreich haben, können diese Zucker fermentativ verstoffwechseln und organische Säuren im Boden bilden, was man riechen kann. Auch das leicht saure Milieu, wie bei den Bodenpilzen, wirkt hier unterstützend. Andere filamentöse Bakterien-Familien, vor allem die Streptomyces, scheiden wie die Pilze vielfältige Sekundärstoffe aus: Antibiotika (Streptomycin, Chloramphenicol, Tetracycline), Geosmin und flüchtige organische Verbindungen (volatile organic compounds, kurz VOC). Geosmin verursacht den typisch süß-mineralischen Geruch von Erde.

Aktinomyceten bilden das schwefelhaltige Mycothiol. Es wirkt als Antioxidans der Aminosäure Cystein. Aus Cystein werden Enzyme für den Energiestoffwechsel gebildet, z. B. für die Fettsynthese der Pflanzen. Die gut riechbaren Aktinomyceten können somit die Qualität von Pflanzen und Früchten steigern, was sich in einem hohen Ölgehalt oder der Ausbildung einer sichtbar glänzenden Wachsschicht auf Blättern und Früchten zeigt. Hier zeigt sich die Bedeutung der Schwefeldüngung bei der Ausbildung hoher Erntequalität und der Pflanzengesundheit (Bloem/Schnug 2007).

Aktinomyceten sind ein wesentlicher Faktor der Vitaminbildung im Boden. Beispielsweise wird das lebenswichtige Vitamin B12 (Cobalamin), dass die Bildung vollständiger, hochkomplexer Eiweiße aus mineralischen Stickstoffformen steuert, durch sie gebildet (div., z. B. Habermehl/Hammann/Krebs 2002). Ihre Ernteprodukte können dieses und weitere Vitamine nur enthalten, wenn Sie für die kontinuierliche Entwicklung der Aktinomyceten sorgen.

Da Aktinomyceten durch ihre Eigenschaften wesentlich an der Bildung von Nährhumus beteiligt sind, gilt es, ihre Vermehrung im Boden zu fördern. Dies erreicht man, indem zuckerreiche Gräser im Gemenge, dem nachgebauten „Wiesen-Mix", als Untersaat (etwa mit Green Carbon Fix) und gräserhaltigem Zwischenfruchtgemenge angebaut werden. Der Untersaat-Gemengeanbau fördert ganz allgemein die Pflanzengesundheit, reduziert den Keimreiz der Unkräuter und stabilisiert die Erträge.

### Bodentiere – die Nährstofffreisetzer des Bodennahrungsnetzes

#### Regenwürmer

Sie sind im Vergleich mit der Mikroflora und -fauna des Bodens artenarm. Tief grabende Regenwürmer, z. B. der Art *Lumbricus terrestris*, sind erkennbar am flachen Ende, dem „Biberschwanz". Sie bevorzugen die Biofilme auf den pflanzlichen Resten. Tiefgräber treten in verdichteten Böden, speziell auch bei passiver Verdichtung auf – für diese sind sie geradezu Anzeiger. Die passive Verdichtung ist die Folge von Humusmangel und einer nicht im Gleichgewicht befindlichen Basensättigung, also z. B. auf kalzium- oder magnesiumübersättigten Böden. Ist der Regenwurm *Lumbricus terrestris* in Ihrem Acker sehr zahlreich vertreten, sollten Sie den Ursachen der Verdichtung auf den Grund gehen. Der Schaden an der Bodenstruktur, den die tief grabenden Regenwürmer gerade versuchen zu beheben, kostet Sie mehr Ernteertrag, als die Regenwurm-Kothaufen nutzen. Beobachten Sie an den (immer verdichteten) Feldeinfahrten und daneben, wo sich die meisten Regenwurmhaufen finden lassen.

**Abb. 105** Flach grabende Regenwürmer.

Es gibt Regenwurm-Gattungen, die flache Gänge graben. Sie sind schneller in der Generationsfolge. Sie bewohnen waagerecht verlaufende, etwas kleinere Röhren, erscheinen nicht auf der Bodenoberfläche und machen dort auch keine Kothaufen. Sie vermehren sich bei zunehmender bakterieller Besiedelung des Bodens, denn sie bevorzugen die „Bakterienfresser", die Protozoen. Auffällig viele junge, flach grabende Regenwürmer und Regenwurmeier finden Sie nach der Flächenrotte, ebenso nach einer Schwefeldüngung, wenn es an diesem gemangelt hat. Diese Zunahme ist die Folge zunehmender Bakterienflora und ein Hinweis auf gelungene Förderung des Bodennahrungsnetzes.

Es ist anzunehmen, dass die Regenwürmer ein geschütztes Habitat für die milchsaure Phase des Bodenstoffwechsels sind, dem Beginn der Huminstoffbildung. Daher hat der Regenwurmkot auch die hohen Nährstoff- und Huminstoffgehalte. Die regenerativ wirkenden Maßnahmen stellen, neben anderen Wirkungen, diese milchsaure Phase im Bodenstoffwechsel wieder her. Nimmt die Bodenbelebung durch Ihre regenerativ wirksamen Maßnahmen zu und wird der fermentative Bodenstoffwechsel zunehmend auch ohne die Regenwürmer möglich, dann stabilisiert sich der Regenwurmbestand. Um den Unterschied zu sehen, graben Sie zum Vergleich im gut strukturierten Boden an den Feldrändern oder in der Bachaue.

Neben dem Regenwurm wird der Boden auch von der Mikrofauna und anderen Bodentieren bevölkert. Zwei Gruppen heben sich dabei besonders heraus: Protozoen und Nematoden.

### Protozoen

Sind ein- und mehrzellige Tiere der Mikrofauna, z. B. Flagellaten, Ciliaten (Wimpertierchen) und Amöben. Man kennt sie aus dem Schülerexperiment „Heuaufguss". Ihre Zellen sind größer und komplexer gebaut als die von Bakterien. Sie „fressen" bzw. verstoffwechseln Bakterien und machen durch ihre Ausscheidungen die in diesen Bakterien enthaltenen Nährstoffe pflanzenverfügbar. Die Nährstoffverluste nehmen ab, weil Protozoa ein C:N-Verhältnis von etwa 10:1 haben, ihre Biomasse also doppelt so viel Kohlenstoff enthält wie die der Bakterienflora. Gleichzeitig sorgen sie für Gleichgewichte zwischen den Bakterienarten. Sie bauen etwas größere Bodenporen als Bakterien, um an ihre Nahrung, die Bakterien, heranzukommen.

Ist der Boden mikrobiologisch verarmt, fehlen also z. B. Bodenpilze, führt die Abbautätigkeit der Protozoen zu Stickstoff-Freisetzungen. Der bekannte Mineralisierungsschub im Mai ist also eine Folge des Mangels an Bodenpilzen zu dieser Jahreszeit, ähnliche Effekte mit der gleichen Ursache gibt es Mitte August und Mitte September.

Bakterien sind die Nahrung der Protozoen, also brauchen Sie bakterienfördernde Pflanzenarten als Untersaat oder Beisaat in den Kulturen. Die Leguminosen-Kreuzblütler-Kombination oder artenreiche Untersaaten fördern speziell das Bakterienwachstum im Bodenleben.

Insektizide schränken wahrscheinlich auch die Aktivität der Protozoen ein, wodurch die Nährstofffreisetzung abnimmt. Sie können die Anfälligkeit der Kultur für Insektenbefall verringern und den Insektizidbedarf reduzieren, indem Sie das Bodenleben fördern. Das führt auch zu einer besseren Nährstoffeffizienz.

Nematoden

Sie werden meist als Schaderreger wahrgenommen. Doch ähnlich wie bei den Pilzen sind nur wenige Nematodenarten pflanzenschädigend. Sie befallen die Kulturen immer dann, wenn die Vielfalt der Nematodenarten stark abgenommen hat. Mikroskopische Aufnahmen zeigen, dass die Schadnematoden schlanker sind als Raubnematoden, die „Räuber“ – Predatoren im Bodennahrungsnetz. Ist der Boden verdichtet und fehlen die Grob- und Mittelporen, dann schwindet die Artenvielfalt der Nematoden und die Schadnematoden nehmen überhand.

Nematoden sind Allesfresser und ernähren sich von Bakterien, Pilzen, Protozoen – sowie auch von anderen Nematodenarten. Dabei schließen sie durch ihren Stoffwechsel darin gebundene Nährstoffe auf. Da auch sie ein C:N-Verhältnis höher als Bakterien in ihrer Biomasse haben, etwa 8–12:1, sind auch sie ein Faktor für abnehmende Nährstoffverluste aus dem Bodenstoffwechsel. Ist zu wenig Nahrung vorhanden, weil auf lange unbewachsenen Feldern die mikrobielle Besiedelung verarmt ist, vermindert das die Vielfalt der Nematoden ebenfalls. Daher ist der dauergrüne Anbau auch in diesem Fall eine wichtige Maßnahme, um die für die Kulturen schädlichen Nematoden zu verringern. Nematodenschäden sind die Folge von zu wenigen Nematoden im Boden. Drohende Nematodenschäden können Sie vorher an hohen oder ansteigenden Nitratwerten im Boden feststellen (siehe Kapitel 7.3: Messung der Reaktion des Bodenlebens). Die Messungen in der Bodenaufschwemmung können auch mit dem Horiba-Nitratmessgerät erfolgen.

Nematoden sind so zahlreich, dass sie die größte Quelle tierischen Eiweißes im Boden sein können, viel mehr als größere Bodentiere. Sie tragen damit wesentlich zum Nährstoffzufluss aus dem Bodenstoffwechsel bei. Durch ihre Menge und Artenvielfalt sind sie die wichtigste, Gleichgewichte wiederherstellende Tiergruppe im Boden (Quelle: Stephan Junge 2021, Uni Kassel-Witzenhausen, persönliche Mitteilung).

Wenn in empfindlichen Kulturen Schäden durch Nematoden drohen, ist es sinnvoll:

- mit Zwischenfrüchten,
- durch Kalk-, Schwefel- und Mikronährstoffdüngung,
- Flächenrotte,
- und, soweit möglich, durch Untersaatanbau für maximale Steigerung der Nematoden- und Mikrobenpopulation zu sorgen.

Das Desinfizieren der Felder und Böden mit Dampf oder durch grünes Einarbeiten von Senf, der Biofumigation, schafft hingegen leere ökologische Nischen. Diese werden besonders von Schaderregern schnell wieder besiedelt, da sie zunächst nicht mit der Prädatorenfauna, den „Räubern", konkurrieren müssen. Ohne Kenntnis dieser Zusammenhänge benötigen Sie immer wieder, in jeder Kulturperiode, diese aufwendigen Bekämpfungsmaßnahmen.

## 8.4 Die 4 Stufen der Pflanzengesundheit

John Kempf (2018) entwickelte ein Diagramm, um zu beschreiben, wie Böden und Pflanzen zu vollständiger Schädlings- und Krankheitsresistenz übergehen, wenn sie ein höheres Gesundheitsniveau erreichen.

### Eine optimale Ernährung ermöglicht erweiterte Funktionen in Pflanzen

So, wie Böden und Kulturen in regenerative Anbaumethoden überführt werden, durchlaufen sie Phasen einer immer besseren Gesundheit. Der Fortschritt zu mehr Gesundheit stellt die natürlichen und biologischen Fähigkeiten des Pflanzen- und Bodensystems wieder her. Während dieses Prozesses bilden die Pflanzen eine zunehmende Immunität gegen Boden- und Luftpathogene, eine bessere Resistenz gegen Insekten, eine verbesserte Produktion von Lipiden, die zu stärkeren Zellmembranen für schmackhaftere Früchte mit besserer Haltbarkeit führt, und vielem mehr.

Die Stufen eins und zwei der Pflanzengesundheit sind nur eine Funktion der Ernährungsintegrität und sind bei den meisten Kulturen

**Abb. 106** Die „Pyramide der Pflanzengesundheit" nach John Kempf 2018.

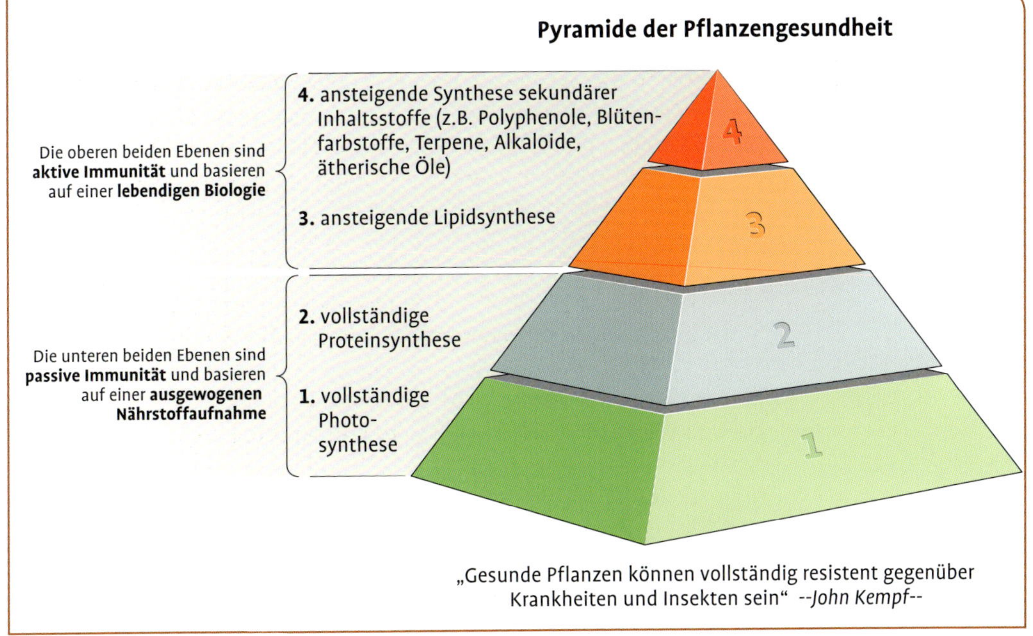

und den meisten Böden nicht schwer zu erreichen, ergänzt mit Blattapplikationen von pflanzlichen Nahrungsergänzungsmitteln. Bei den meisten Kulturen können Sie in der Regel in den ersten 3–4 Monaten das erste und das zweite Niveau erwarten.

Die Stufen 3 und 4 sind nicht so einfach zu erreichen wie die ersten beiden Stufen. Um auf Stufe 3 zu gelangen, ist es unerlässlich, dass wir über ein gesundes, kräftiges „Bodenverdauungssystem" verfügen, das einen Großteil des Nährstoffbedarfs der Pflanze decken kann. Ohne diese mikrobiellen Prozesse haben Pflanzen nicht die überschüssige Energie, die sie benötigen, um eine hohe Lipidproduktion und Energiespeicherung zu erreichen.

In den ersten beiden Ebenen der Pflanzen-Gesundheitspyramide™ finden Veränderungen im Stoffwechsel der Pflanzen statt. Die dritte und vierte Stufe geht darüber hinaus und beinhaltet zusätzliche Zellveränderungen, die die Pflanzen resistent gegen Schaderreger werden lassen und die Erntequalität optimieren. Die letzten beiden Stufen werden im Landbau nur durch Regenerative Landwirtschaft erreicht.

## Ebene 1: vollständige Fotosynthese

Zunächst werden einfache Zucker wie Fructose, Saccharose und Dextrose gebildet, später entwickeln sich komplexere Kohlenhydrate, wie Zellulose, Lignin, Pektine und Stärke.

Damit werden die Pflanzen gesünder, die Anfälligkeit für bodenbürtige Pilze, z. B. *Verticillium*, *Fusarium*, *Rhizoctonia*, *Phytium*, *Phytophtora* und andere nimmt ab.

Ihre Kulturen brauchen eine gute Verfügbarkeit von Ca, Si, Mn, N und P aus dem Bodenstoffwechsel, um dieses Stadium der Gesundheit zu erreichen.

**Regenerative Maßnahmen:**

- Vitalisierung mit Komposttee, vor allem in den frühen Wachstumsphasen bei Stress.
- Kurze Vegetationspausen zwischen den Kulturen und Gründüngungsanbau.
- Bodenbearbeitung und Unterbodenlockerung mit Fermenteinspritzung.
- Gründüngung und Flächenrotte.

**Woran Sie beobachten können, ob Ihre Kulturen eine vollständige Fotosynthese erreichen:**

- Hohe Aufgangsrate: 85–95 %.
- Normale Brix-Werte im Blattsaft.
- Weißer Wurzelhals bzw. weiße Halmbasis.
- Großer Erdanhang an den Wurzeln. Die Gare unter der Kultur nimmt zu.

## Ebene 2: vollständige Proteinsynthese

Die Pflanze beginnt mit der Umwandlung aller löslichen Stickstoffverbindungen in Aminosäuren und komplette Proteine, sodass der aufgenommene Stickstoff in der Pflanze im 24-Stunden-Fotozyklus vollständig in Eiweiße umgewandelt wird. Das Ergebnis ist, dass innerhalb eines Tages kein Nitrat und Ammonium im Pflanzensaft verbleibt. Das Energieniveau (messbar über die Leitfähigkeit) steigt und die Pflanzen stellen größere Mengen Zucker über die Wurzeln der mikrobiellen Gemeinschaft an den Wurzeln zur Verfügung. Die Bodenmikroben werden angeregt, Mineralien und Spurenelemente zu mineralisieren und pflanzenverfügbar zu machen.

Die Pflanzen nutzen diese Mineralien als Coenzyme zur vollständigen Proteinbildung. Der lösliche Aminosäure-Gehalt nimmt ab, die Pflanzen sind nicht anfällig für Insekten mit einem einfachen Verdauungssystem, insbesondere gegen Larven der Nachtfalter (z. B. Eulenraupen, Raupen des Maiszünslers) und saugende Insekten (Blattläuse, Blattsauger, Weiße Fliegen und Thripse).

Pflanzen benötigen ausreichende Mengen an Mg, S, Mo und B, um diese Stufe der Gesundheit zu erreichen. Bor ist nicht direkt an der Proteinsynthese beteiligt, sondern trägt zu einer zusätzlichen Schädlingsresistenz bei.

**Regenerative Maßnahmen:**

- Albrecht-Düngung, auch Mikronährstoffe als Bodendüngung in die Zwischenfrüchte anwenden.
- Kalk- und Schwefelverfügbarkeit sichern.
- Silizium in organischer und mineralischer Form düngen (besonders, wenn behaarte Unkräuter auftreten).

**Woran Sie beobachten können, ob Ihre Kulturen eine vollständige Eiweißsynthese erreichen:**

- Brix-Werte im Blatt und der Halmbasis steigen und sind morgens niedrig.
- Nitratwerte im Blattsaft und im Boden sinken.
- Die Bestockung bei Getreide nimmt zu, breitblättrige Kulturen entwickeln einen kompakteren Wuchs.
- In den Wachstumsphasen und in der Abreife werden die Bestände gleichmäßig.
- Aggressiver Unkrautwuchs nimmt ab.
- Auf der Bodenoberfläche ist der grünliche Algenfilm nicht mehr zu sehen.

## Ebene 3: erhöhte Lipidsynthese

Mit steigender Effizienz der Fotosynthese entwickeln die Pflanzen einen Überschuss an Energie, der für das Wachstum und die Fortpflanzung benötigt wird. Zunächst wird dieser Energieüberschuss in Form von Zuckern ans Wurzelsystem (bis zu 70 % der Assimilatbildung) verlagert. Später beginnt die Kultur diese überschüssige Energie in Form von Lipiden (Pflanzenfetten) sowohl im vegetativen als auch reproduktiven Gewebe zu speichern.

Wenn die Fettwerte steigen, werden die Zellmembranen stärker, die Epidermis wird zunehmend mit Wachs überzogen und somit wird die Pflanze widerstandsfähiger gegen Pilzsporen aus der Luft wie Falscher Mehltau, Echter Mehltau, Krautfäule, Rost. Aber auch Feuerbrand und Bakterienflecken nehmen ab.

Pflanzen benötigen dafür ein hochdiverses und aktives Pflanzenmikrobiom und einen funktionierenden Stoffwechsel mit der mikrobiellen Gemeinschaft in der Rhizosphäre. Dann nehmen sie einen Großteil ihrer Nährstoffe in Form von mikrobiellen Metaboliten auf. Die hohe Biodiversität ist Voraussetzung für dieses Stadium der Pflanzengesundheit, da ihnen sonst die notwendige Energie fehlen wird, Lipide zu bilden.

**Regenerative Maßnahmen:**
- Vegetative Vielfalt durch Untersaat, Beisaat und Mischsaat sichern.
- Hohe Massebildung der Gründüngungen, mehrfache Flächenrotte, Düngung mit Feststofffermenten.
- Blattbehandlungen mit Komposttee und den mineralischen Beikomponenten, diese mit Pflanzenauszügen ergänzen.

**Beobachtungen, an denen Sie feststellen können, wie gut Ihre Kulturen überschüssige Energie in Lipiden speichern:**
- Der Blattglanz nimmt zu.
- Die Leitfähigkeit im Blattsaft und Boden nimmt zu.
- Starke Bewurzelung.
- Allgemein abnehmende Verunkrautung. Ungräser verschwinden.
- Die Qualität des Erntegutes erreicht ohne besondere Maßnahmen hohe Werte.

### Ebene 4: erhöhte sekundäre Inhaltsstoff-Synthese der Pflanze

Die höheren Fettwerte werden von der Pflanze zur Bildung sekundärer Pflanzeninhaltsstoffe oder ätherischer Öle verwendet, um sich vor Parasiten oder UV-Strahlung zu schützen. Viele dieser Verbindungen haben antibiotische Eigenschaften und hemmen den Verdauungsapparat von Schädlingen. Die Ausschüttung von antimikrobiell wirkenden Pflanzeninhaltsstoffen wird durch Mikroben aktiviert, die in die Pflanze eindringen. An diesen Stellen bildet die Pflanze als Abwehrreaktion Phytoalexine (antimikrobiell wirkende Sekundärmetabolite), die sehr wirkungsvoll sind. Pflanzen benötigen die richtigen Mikroben im pflanzlichen Mikrobiom, um die Immunantwort auszulösen und dieses Stadium der Gesundheit zu erreichen.

Sobald die Kulturen dieses Leistungsniveau erreicht haben, werden sie immun gegen Befall von Insekten mit einem besser entwickelten

Verdauungssystem. Pflanzen entwickeln dann eine erhöhte Resistenz gegen die gesamte Käferfamilie (einschließlich Japankäfer, Maiswurzelbohrer, Kürbiskäfer, Kartoffelkäfer, Gurkenkäfer), Wanzen (z. B. Marmorierte Baumwanze), Nematoden (wie z. B. Wurzelfäulenematoden) und Viren. Die Stresstoleranz ist sehr hoch. Die Kulturen können Wetterextremen recht gut widerstehen.

**Regenerative Maßnahmen:**
- Dauerhafte und konsequente Umsetzung eines regenerativen Anbausystems.
- Hornkiesel- oder Heuteespritzung, Huminsäure gebundene Blattdüngung.
- Aufrechterhaltung eines reduktiven, fermentativen Bodenstoffwechsels.
- Artenreiche Gründüngung zwischen den Kulturen, artenreiche Bei- und Untersaaten.

**Beobachtungen:**
- Höchste Erntequalität bei hohem Ertrag. Gleichmäßigkeit im Erntegut, hohe Korngewichte.
- Hohe Keimfähigkeit, geringer Besatz.
- Schwund und Verderb nehmen ab.
- Die Pflanzen duften.

## 8.5 Die Huminstoff bildenden Prozesse

Es gibt zwei unterschiedliche Huminstoff bildende Prozesse: der Lebendverbau der Tonminerale durch die Stoffwechselprodukte der Bodenmikroben und der anoxische (sauerstofffreie) Abbau von Kohlenhydraten (Lignin und Zellulose) aus Pflanzenresten, die Karbonisierung (Witte 2012). Der erste Prozess kann in den Anbauablauf einfach integriert werden. Der zweite Prozess ist in der reduktiven, nicht wendenden Kompostierung umgesetzt. Die wendende Kompostherstellung ist nur leider ebenso verlustreich wie aufwendig. Mit Kompostdüngung sind die Humus-Steigerungsraten gering. Lebend verbauter Kohlenstoff hat dagegen die Chance, schnell zu stabilem Dauerhumus verkettet zu werden. Das ist eine Leistung des mikrobiellen Bodenlebens und der Pflanzen. Die Humusbilanzierungsmethoden blenden diese Leistung aus, deshalb bilden diese Modelle die Humusbildung der Regenerativen Landwirtschaft nicht ab. GPS-vermessene, standardisierte Bodenproben und neuerdings Daten der Satelliten-Fernerkundung zeigen Ihnen die Leistungsfähigkeit Ihres regenerativen Anbausystems. Deshalb sind diese Bodenproben, und nicht die Humusbilanz, die Grundlage für den sich entwickelnden $CO_2$-Zertifikatehandel.

Als Humus, der die Huminstoffe enthält, wird üblicherweise die abgestorbene organische Substanz im Boden bezeichnet, im Gegensatz zur standardisierten Humusanalyse. In der Analytik wird durch Glühen aber die lebende und abgestorbene organische Bodensubstanz gemeinsam als Bodenkohlenstoff gemessen. Diese Humusdefinition blendet, wie auch die Bilanzdefinitionen, die Lebensprozesse aus. Wir sollten uns an Raoul France, den ersten großen deutschen Humusforscher halten, der 1921 festgestellt hat, dass Humus ein Vorgang im Boden ist und nicht nur ein Parameter.

Humus ist ein Stoffgemisch. Im Boden gibt es den braunen, fruchtbaren Nährhumus, der sich unter Pflanzen bildet. Das ist die wirksame Humusform.

Im Boden ohne regenerative Bewirtschaftung findet man in den Bodenproben auch Humus: Es ist der Restkohlenstoff, der abbauenden Prozessen bislang widerstanden hat. Er hat eine graue bis schwarze Farbe, auf den Lößböden grau-grün. In diesem Buch wird dieser „unverdaute“ Rest des Bodenstoffwechsels fossiler Humus genannt, weil er mit dem Bodenleben wenig interagiert. In Flussmarschen und Niedermooren mit 10–20 % gemessenem Humusgehalt kann der gesamte Humus fossil sein.

Wenn Sie mit der Bodenbelebung beginnen, wandelt sich dessen grau-schwarze Farbe in den warmen Braunton um. Die Bodenbelebung und Humusbildung ist an Ihre Fähigkeiten zur Handhabung bewachsener Flächen gebunden. Sie sind der Humus-Manager in Ihrem Betrieb, nicht Ihre Organisationen, der Gesetzgeber oder die Betriebsmittellieferanten. Man sieht es auf dem Spaten, im Schüttelglas und in der Bodenchromatografie. Der fossile Humus wird umgewandelt, wenn Sie die regenerativen, bodenbelebenden Maßnahmen in Ihre Anbauverfahren integrieren. Dann kann anfangs der Boden auch heller werden.

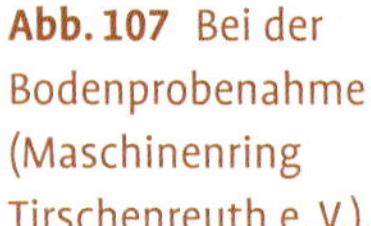

**Abb. 107** Bei der Bodenprobenahme (Maschinenring Tirschenreuth e. V.).

**Der Schütteltest – als Nachweis für den Lebendverbau der Bodenkrümel**

Nehmen Sie Bodenproben von mehreren Stellen, z. B. vom Feld, von der Fahrspur und vom Feldrand, und füllen Sie Boden aus 0–5 cm Tiefe in leere Gurkengläser, ca. 1/3 hoch. Gießen Sie die Gläser mit Wasser (Aquadest) fast voll. Schwenken Sie vorsichtig (nicht schütteln) dreimal und lassen Sie die Suspension sich absetzen.
Beurteilen Sie nach einer Stunde und am nächsten Tag, was Sie sehen:

- Die Trübung (verringert die Durchsichtigkeit): Eine weitgehend klare Bodensuspension zeigt, dass der Lebendverbau der Bodenkrümel bei Niederschlägen erhalten bleibt. Können Sie nicht hindurchsehen, ist bei Niederschlägen Feinbodenverlagerung, also Erosion, zu erwarten. Dann fehlen oft Nährstoffe, z. B. Ca, S oder B.
- Die Farbe der Suspension wird durch die auswaschbaren organischen Substanzen gebildet. Machen Sie den Schütteltest kurz nach einer Bodenbearbeitung oder organischen Düngung, dann sehen Sie gerade einen intensiven Bodenstoffwechsel an der starken Bräunung. Sind diese Arbeiten bereits einige Wochen her, sollte die Färbung wieder heller werden. Die abgebaute organische Substanz ist dann wieder „eingebaut". Bleibt es dunkel, verliert der Boden die organische Substanz durch Auswaschung. Ursache ist oft die fehlende Energie für das Bodenleben durch zu wenig Bewuchs vor der Bodenbearbeitung.
- Sehen Sie von oben in die Gläser, zeigt die Schaumbildung die Intensität der bakteriellen Aktivität an. Viel Schaum bedeutet viel bakterielle Aktivität. Wenn Sie dieses Merkmal mit einer geringen Trübung verbunden sehen, haben Sie eine Bodenprobe mit hoher mikrobieller Vielfalt im Glas, so wie es Ihre Arbeiten auf dem Feld bewirken sollen.
- Betrachten Sie das Absetzverhalten, sehen Sie auch, wie gut die Bodenkrümel zusammenhalten oder wie stark sie sich auflösen. Eine starke Feinsedimentschicht auf dem abgesetzten Boden zeigt wenig Lebendverbau, also geringe pilzliche Aktivität im Boden.

Der Boden, der Nährhumus bildet, verändert auch sein Farbprofil, nicht nur die Krümelstruktur. Die scharfe Grenze zwischen A-Horizont und Unterboden löst sich auf. Es bildet sich ein Farbverlauf von der Bodenoberfläche nach unten von dunklen zu hellen Brauntönen. Das beginnt wenige Wochen, nachdem Sie die erste regenerative Maßnahme umgesetzt haben. Huminstoffe wandern im Boden, nach mehreren Jahren verlagert sich der Farbverlauf immer weiter in den Unterboden. – Wenn Sie an der Humuszertifizierung teilnehmen, ist es dann Zeit, die Nachbeprobung in Auftrag zu geben.

**Die Huminstoffbildung findet in der Landwirtschaft statt:**

- Unter Pflanzen – gemeinsam mit ihrer Mikrobiologie an den Wurzeln, besonders unter gräserbetonten Pflanzengemeinschaften, dem „Wiesen-Mix" und vor allem während des vegetativen Wachstums.

- Bei der Flächenrotte – dem Einschälen noch grüner Pflanzenmasse durch flache, lockere Bodenbearbeitung und der milchsauer gelenkten Rotte.
- Bei der Vitalisierung der Kulturen mit Komposttee durch ein hohes Fotosyntheseniveau für Pflanzenentwicklung und Bodenleben.
- Bei der Düngung mit milchsauren Feststofffermenten aus Ihren organischen Düngern.
- In den belebten Wirtschaftsdüngern – Gülle, Mist, Kompost.
- Auf der Umtrieb- und Portionsweide (Thaer 1810, Klapp 1957).
- Unter Laubmischwald, z. B. als Einbeziehung der Gehölze in die Feldbewirtschaftung als Agroforst.

**Abb. 108** Schütteltest von einem regenerativ angebauten Boden. Die beiden linken Gläser sind von länger regenerativ bewirtschafteten Feldern.

**Abb. 109** Schütteltest von einem herkömmlich bestellten Boden. Man sieht die deutliche Färbung und starke Schaumbildung, Anzeichen hoher (bakterieller) Abbaurate der organischen Bodensubstanz.

**Die Eigenschaften des Humus', der lebend verbaut aus den Huminstoffen gebildet wird, sind:**

- Er bindet Nährstoffe und Wasser stärker als Tonmineralien und die Nährstoffe sind nicht auswaschbar. Die Nährstoffe können von der Pflanze je nach Bedarf leicht „abgerufen" werden.
- Er puffert im Bodenstoffwechsel Oxidations- und Reduktionsreaktionen gleichzeitig und verhindert damit, dass Nährstoffe und Energie verloren gehen.
- Huminstoffe sind ein Speicher der Sonnenenergie im Boden, in Form des lebend gebundenen Kohlenstoffes. Diese Energie steht den Bodenstoffwechselprozessen zur Verfügung, wenn Pflanzen sie nicht „liefern" können.
- Er vermindert das Zusammenziehen der Bodenteilchen, die „passive Verdichtung". Er wirkt zwischen den Tonteilchen abstoßend, wie gleichpolige Magnete.
- Huminstoffe wirken als Phytohormone. Sie steigern die Vitalität der Pflanzen.
- Der gleiche aufbauende Bodenstoffwechsel, der die Huminstoffe bildet, sorgt auch für die Aufnehmbarkeit der Mikronährstoffe. Die metallischen Mikronährstoffe werden von Eiweißen umhüllt, als Bodenchelate, aufgenommen. Das hat einen entscheidenden Einfluss auf die Pflanzengesundheit und die Qualität der Ernteprodukte.
- Huminstoffe verbessern die Wirkung von Kalk und NPK- und schwefelhaltigen Düngern. Sie sollten deshalb bei diesen Maßnahmen mit zugegeben werden.

### Die aktive Humusbildung ...

... findet während des Wachstums grasbetonter Pflanzengemeinschaften an den Wurzeln statt. Die Akteure sind die wurzelbesiedelnden Mikroorganismen. Man riecht sie: Sie haben einen süß-mineralischen Geruch, wie nach Walderde und Boden unter Karotten. Das sind die Geosmine, flüchtige organische Substanzen (VOC). Diese werden von mehreren Bakterienarten gebildet, bekannt ist es z. B. von Aktinomyceten („Strahlenpilze").
Diese Bakterienarten bevorzugen den fermentativen Stoffwechsel, wenn sie ausreichend zuckerhaltige Wurzelausscheidungen von ihren Partnerpflanzen erhalten. Dann bilden sie organische Säuren, z. B. Milchsäure, und man riecht sie. Kommt „unten" zu wenig Zucker an, weil die Pflanzen Stress haben, riecht man nichts. Deshalb wird die Huminstoffbildung während des Anbaues mit dem Spaten kontrolliert.
Der Zucker wird veratmet, dabei entsteht $CO_2$ und die Rhizosphäre, der unmittelbar durch eine lebende Wurzel beeinflusste Raum im Boden, wird anoxisch – ihr wird der Sauerstoff der Bodenluft entzogen. Das ist wichtig für die aktive Humusbildung, weil sich nur unter diesen Bedingungen die Enzyme für die aktive Humusbildung bilden – und damit die Energie für den reduktiven Teil des Bodenstoffwechsels erhalten werden kann.

Woher kommt der Energiebedarf für die Reduktion, der Bildung größerer Moleküle, z. B. dem Humus? Aus der Veratmung – der Oxidation der Zuckermoleküle, die die Pflanzen an den Wurzelspitzen ausscheiden. Und woher kommt die Energie, die in den Zuckermolekülen gespeichert ist? Das ist gespeicherte Sonnenenergie. Sie wird im Calvin-Zyklus der Fotosynthese, in dem Kohlenstoffdioxid $CO_2$ zu Glukose reduziert und assimiliert wird, gespeichert. Dabei wird Wasser enzymatisch gespalten, der Sauerstoff in die Atmosphäre freigesetzt und die Protonenkerne $H^+$ mit dem $CO_2$ verbunden. Als Assimilation bezeichnet man den aufbauenden (anabolen) Energie- und Stoffwechsel. Die Fotosynthese ist also die Energiequelle der aktiven Humusbildung.
Reduktive (aufbauende) Prozesse brauchen immer Energie. Wenn die Wurzeln ausreichend Zucker ausscheiden, sodass nicht alles veratmet wird, werden die aromatischen Kohlenstoffringe des Zuckers verbunden – „kondensiert". Es bilden sich die Huminstoffe mit ihrer ringförmigen Struktur. Das ist eine Reduktionsreaktion. Die braucht Energie – die Sonnenenergie. Wie kommt die in den Boden? Durch Wurzelausscheidungen – und sie wird freigesetzt durch die Zuckerveratmung, eine Form der Oxidation. Dabei werden Wasser, $CO_2$ und die anoxische Bodenatmosphäre rund um die Wurzeln gebildet. Die Energieübertragung in dieser Redoxreaktion erfolgt als e–, aber auch als Proton $H^+$. Wie wird $H^+$ im Boden festgehalten? Es gibt wieder zwei Wege: biologisch an $NAD^+$, einem Enzym und chemisch am Kalziumkarbonat $CaCO_3$. Dabei wird $CaCO_3$ durch die Aufnahme von $2H^+$ und $CO_2$ zu Kalzium-Bikarbonat $Ca(HCO_3)_2$ umgebaut. Dabei wird Sauerstoff ($\frac{1}{2}\,O_2$) frei, der wiederum veratmet wird.
Das $Ca(HCO_3)_2$ kann in weiteren Stoffwechselschritten die $H^+$-Ionen bei der Rückumwandlung zu einfachem kohlensaurem $CaCO_3$ auch wieder abgeben. Es ist ein Energiepuffer für Stoffwechselprozesse im Boden. Gerade bei niedrigem Humusgehalt, wenn dieser nicht ausreicht, die Pufferfunktion zu erfüllen, ist das von essenzieller Bedeutung. Es ist übrigens auch ein Wasserpuffer – eine „trockene" Wasserquelle für Wurzeln und Bodenleben.
$Ca(HCO_3)_2$ ist nicht sehr stabil, es benötigt die Kohlensäure $H_2CO_3$ aus der $CO_2$-Bildung für ein leicht saures Milieu. Das ist die Grundazidität des Bodens, die 10–15 % Wasserstoff in der Basensättigung. Das $Ca(HCO_3)_2$ ist zudem 120-fach besser wasserlöslich und daher die Voraussetzung für die Kalziumaufnahme von Pflanzen und Bodenmikroben. Es fördert die Eiweißausflockung in der Bodenlösung. Wegen seiner stickstoffbindenden, puffernden und Energie speichernden Wirkung hält es den Bodenstoffwechsel stabil in der reduktiven, aufbauenden Phase. Kalk und eine gräserbetonte Pflanzengemeinschaft sind der Ausgangspunkt der aktiven Huminstoffbildung.

**Die passive Humusbildung ...**

... wird Karbonisierung genannt (Witte 2012). Die Huminstoffe entstehen dabei durch Entzug des Sauerstoffs aus den Sauerstoff-Bindungsbrücken im Lignin. Ebenso wird die Energie aus den Eiweißen der Ausgangsstoffe entzogen. Das sind Oxidationsreaktionen, denn sie führen zum Abbau der komplexen Molekülstrukturen und Energiefreisetzung. Da die Karbonisierung im anoxischen (sauerstofffreien) Medium stattfindet, in trapezförmiger Kompostmiete mit abgedichteter Oberfläche, reichern sich kohlenstoffreiche Verbindungen an. Die organische Substanz wird auch dabei nicht vollständig oxidiert. In einem MC-Kompost nach Witte ist daher die Abdichtung der Oberfläche, neben einer ligninreichen und guten Mischung und Befeuchtung der Ausgangsstoffe, für die Karbonisierung entscheidend. Luftzutritt führt zu anhaltender Fäulnis, bis die organische Substanz durch Oxidation weitgehend verloren gegangen ist.

Das in den Ausgangstoffen enthaltene Lignin besteht aus phenolischen Makromolekülen. Die verketteten Grundbausteine des Lignins sind Kohlenstoffringe, wie im Zucker. Lignin entsteht in den wachsenden Pflanzen durch Assimilation, also dem aufbauenden Stoffwechsel aus vorher in der Fotosynthese gebildetem Zucker. Deswegen ist auch bei der passiven Humusbildung die organisch gespeicherte Sonnenenergie die Energiequelle für den Stoffwechsel. Die Karbonisierung läuft ab, wenn der Luftzutritt vermieden wird. So erfolgt der Abbau der organischen Substanz nur zum Teil, und die nicht vollständig zerlegten phenolischen Makromoleküle bilden die verschiedenen Huminstoffe. Diese enthalten immer noch die Grundbausteine von Zucker und Lignin – die Kohlenstoffringe.

Je weiter den organischen Verbindungen der Sauerstoff entzogen wird, umso mehr werden sie zu Braunkohle und Erdöl. Erdöl besteht aus Kohlenwasserstoffen (längerkettigen Alkanen) und bildete sich im Faulschlamm prähistorischer Meere. Ölige Schleier sieht man heute auf dem faulenden Schlamm bei abgelassenen Teichen oder am Perkolataustritt an Misthaufen. Sind diese flüssigen Perkolate schwarz und geruchlos, sitzen dort keine Fliegen darauf, sind sie übrigens Huminsäuren.

Die Huminstoffbildung im Boden kann gestört werden. Die verbreitete Verwendung von Totalherbiziden mit dem Wirkstoff Glyphosat führt zur Unterbrechung eines wichtigen Biosyntheseweges bei Pflanzen und Mikroorganismen, dem Shikimisäure- oder Shikimatweg. Hierbei werden aus einfachen Kohlenhydraten aromatische Aminosäuren gebildet. Darauf aufbauend bilden Pflanzen ihr Lignin und viele sekundäre Pflanzenstoffe, beispielsweise einige Vitamine. Auch viele Bodenmikroben „bauen“ sich über den Shikimatweg körpereigene Stoffe auf. Totalherbizide, die den Shikimatweg blockieren, hemmen damit auch das Wachstum vieler Bodenmikroben. Die Humus bildenden Mikroben sind davon ebenfalls betroffen. Damit sinkt die Kohlenstoff- und Stickstoffbindung im Boden. Auf Böden, wo lange mit diesen Herbiziden gearbeitet wurde, sehen Sie es: Der grüne Algenschimmer deutet auf den Stickstoffverlust hin. Der Gareverlust nimmt zu. Und man riecht es: Der süß-mineralische Bodengeruch der Mikroben, die den Humus bauen, ist weg.

Die Bodenverdichtung hemmt die Huminstoffbildung ebenso. Verdichtungshorizonte verringern die Wurzelmasse und die Menge an Poren für die Bodenatmung. Aber auch starke Belüftung durch Bodenbearbeitung führt zur schnellen Veratmung organischer Substanz. Vor allem bei rauer Bodenoberfläche und tieferer Bearbeitung als die Schälung, mehr als ca. 5 cm, gasen Stoffe des Bodenstoffwechsels aus. Dies gilt es, zu verhindern. Achten Sie darauf, dann bekommen verschiedene Arten der Bodenbearbeitung einen ganz anderen Sinn: Jetzt versteht man, warum im Frühjahr, vor allem wenn gestriegelt wurde, danach leicht gewalzt werden sollte. Warum es beim Schälen mit der Fräse (und anderen Geräten) so wichtig ist, dass die Bodenoberfläche durch die Feinerde abgedichtet wird. Warum bei der Unterkrumenlockerung der Lockerungsschlitz verschlossen werden muss. Warum das Bilden einer Rolle beim Schälpflügen entscheidend für einen Rotteeffekt ist.

**Was können Sie in Ihren Anbauverfahren tun, damit sich Humus bildet?**

1) Humusbildung setzt bewachsene Felder voraus. Vermeiden Sie Brachepausen zwischen den Kulturen, die länger als zwei Wochen dauern.
2) Humusbildung braucht pflanzliche und mikrobielle Vielfalt. Sorgen Sie in Ihren Kulturen mit gräserbetonten Untersaaten und Beisaaten dafür, dass die Natur diese Aufgabe nicht mit „Unkraut und Ungras“ nachholen muss.
3) Brechen Sie die Unterbodenverdichtungen auf, sodass durch Feinrisse eine möglichst große innere Oberfläche entsteht. Spritzen Sie bei dieser Arbeit Pflanzenfermente in den Boden und verschließen Sie die Lockerungsschlitze. Lassen Sie die Feinrisse maximal durchwurzeln, am besten mit Zwischenfrüchten.
4) Humus bildet sich während der vegetativen Wachstumsphase der Kulturen. Der Fruchtwechsel im Ackerbau ermöglicht jährlich neues vegetatives Wachstum, auf dem Grünland machen dies weidende Rinder. In den Dauerkulturen können Sie vegetatives Wachstum mit alternierendem Zwischenfruchtanbau mit integrierter Untersaat in den Fahrgassen fördern.
5) Sorgen Sie mit Vitalisierung für eine stressfreie, hohe Fotosynthese in Ihren Kulturen. Schließlich wird der Humus aus dem Assimilatüberschuss gebildet.
6) Düngen Sie zunehmend die Begrünungen, abnehmend die Erntekulturen. Sorgen Sie mit Düngung der organischen Dünger, Kalk, Elementarschwefel und Mikronährstoffen nach der Saat für eine hohe biologische Umsetzung der Dünger im Boden.

7) Humus entsteht vorrangig auf dem Feld, nicht neben dem Feld. Organische Dünger wirken in wachsenden Beständen durch ihre Nährstoffwirkung auf die Pflanzen Humus bildend. Humus wird vorrangig aus dem $CO_2$ der Atmosphäre und von wachsenden – nicht nur durch tote und sich zersetzende – Pflanzen gebildet.
8) Erntereste werden, weil sie den Bodenmikroben zu wenig Energie liefern, überwiegend mineralisiert und gasen als $CO_2$ in die Atmosphäre aus. Erst die wachsenden Pflanzen machen aus $CO_2$ und dem Sonnenlicht wieder eine energiereiche Kohlenstoffverbindung, den Zucker. Auf dem Acker verbliebene Erntereste werden zwar nicht zu Humus umgebaut, aber sie beschatten den Boden und schützen das Bodenleben vor schnellem Austrocknen. Wenn Sie eine Untersaat durch die Erntereste durchschieben lassen, nehmen diese Pflanzen das gebildete $CO_2$ auf.

# 9 Die 7 Schritte zur Umstellung auf Regenerative Landwirtschaft

Arbeiten Sie aus der Sicherheit heraus. Behalten Sie Bewährtes vorläufig bei. Verändern Sie Ihre Arbeitsmethoden in Schritten, machen Sie nicht alles gleichzeitig und verwenden Sie maximal drei Methoden auf einmal.

**Klären Sie zuerst das Ziel**

- Will ich mich – und meinen Betrieb – ändern? Oder will ich „nach bewährtem Rezept verfahren" und nur etwas austauschen (z. B.: Passt diese Maßnahme zu mir)?
- Will ich den Pflanzen und Bodenmikroben vertrauen – ihnen beste Bedingungen verschaffen?
- Bin ich bereit, meine Arbeit an deren Verhalten zu beurteilen (gemessen an „Pflanzen-Wohl" und „Bodenleben-Wohl")?

**Die Schritte zur Umstellung des laufenden Landwirtschaftsbetriebes auf Regenerative Landwirtschaft sind:**

- **1. Schritt**: Klären Sie die Bodenchemie, also die Nährstoffverhältnisse; machen Sie Albrecht-Bodenproben von Referenzschlägen und nehmen Sie von jeder Hauptkultur 1x/Jahr Blattproben für die Pflanzenanalyse, um entsprechend die Nährstoffaufnahme zu kontrollieren.
- **2. Schritt**: Üben Sie sich im Beobachten. Machen Sie im Herbst und im Frühjahr auf allen Feldern eine komplette Bodenbonitur, die Gareansprache mit Spaten und Sonde, und dokumentieren Sie, was Sie sehen. Dokumentieren Sie die Entwicklungsstadien und das Wurzelbild der Kulturpflanzen, aber auch das Unkrautauftreten. Diese Merkmale können sich schnell verändern und zeigen Ihnen, was Bodenleben und Pflanzen erfolgreich fördert.
- **3. Schritt**: Planen Sie das weitere Vorgehen, z. B. das Umsetzen der beiden Fruchtfolge-Prinzipien, die Bodenbearbeitung, Bestellung, Düngung und Kulturführung. Visualisieren Sie Ihre Planung und hängen Sie sie so auf, dass Sie sie jeden Tag sehen.
- **4. Schritt**: Vervollständigen Sie die Technik (nicht nur die mit Rädern). Rüsten Sie zum Beispiel die Bodenbearbeitungstechnik mit Spritzeinrichtungen aus, stellen Sie beheizbare Tanks für die Pflanzenfermentherstellung auf oder beschaffen Sie einen Kompost-Teebrauer und Unterbodenlockerer.
- **5. Schritt**: Erlernen Sie die neuen Techniken, wie das Herstellen guter Pflanzenfermente und Komposttee.
- **6. Schritt**: Testen und überprüfen Sie die Methoden zuerst auf Teilflächen, bevor Sie ganze Kulturen umstellen. Fangen Sie mit

der Albrecht-Düngung, der Unterkrumenlockerung, Untersaaten in Getreide, Mais und Körnerleguminosen und Zwischenfrüchten an. Auch die Komposttee-Behandlung kann von Anfang an in den Betriebsablauf integriert werden.
- **7. Schritt**: Vernetzen Sie sich mit Gleichgesinnten, die ebenfalls an der Regenerativen Landwirtschaft arbeiten. Betriebe, die völlig anders sind als Ihrer, sind besonders interessant.

Denken Sie nicht zuerst über neue Technik nach. Zum Fitmachen des Bodenlebens und der Kulturen haben Sie in der Regel genug Technik auf dem Hof. Als Betriebsleiter sind Sie die entscheidende Voraussetzung für die Wiederherstellung des Humusgehaltes, des mikrobiellen Bodenlebens und der höchsten Erntequalität.

Laden Sie Ihre Familie, Nachbarn und Kollegen ein, die Felder zu besichtigen. Verschaffen Sie sich Gelegenheiten zum gemeinsamen Denken.

# 10 Häufige Fehler bei den ersten Schritten der Regenerativen Landwirtschaft

Die Kulturen der Landwirtschaft sind von aktiven Lebensprozessen in Pflanzen (z. B. Fotosynthese) und Böden (z. B. Nährstofffreisetzung durch Bodenorganismen) abhängig. Sie sind der „Manager" dieser Lebensprozesse – nicht die Personen aus Ihrem Umfeld. Regenerativ – wiederherstellend bedeutet, die optimalen Bedingungen für diese Lebensprozesse wieder herzustellen. Es geht um die höchste Fotosyntheserate Ihrer Kulturen und um mehr mikrobiologische Umsetzung in der Rhizosphäre. Es geht dabei nicht um die einzelnen Maßnahmen, sondern um deren Wirkung!

- Üben Sie daher zuerst vor allem die Kontrolle der Garebildung und des Wachstumsverhaltens von Spross und Wurzeln.
- Erweitern Sie Ihr Wissen über die physiologischen Abläufe in Pflanzen und Böden.

Zuviel machen und zu schnell anfangen – das schränkt Ihren Blick auf Methoden, Betriebsmittel und Technik ein. Überprüfen Sie die Wirkungen der Arbeiten, denn diese sind entscheidend; ein Abarbeiten von Rezepten allein genügt nicht.

Wenn Sie sich mit zu geringem Wachstum, Schaderregerbefall, Verunkrautung, Schwierigkeiten bei der Bodenbearbeitung und der Saat, abnehmender Düngewirkung, der Unmöglichkeit, Pflanzenschutz durchzuführen (es kann ja unbefahrbar sein!) auseinandersetzen müssen, können Sie deren Ursachen durch Beobachtungen und Messungen feststellen. Untersuchen Sie die biologischen und bodenphysikalischen Merkmale sowie die Nährstoffverhältnisse. Gehen Sie dabei in dieser Reihenfolge vor:

1) Biologische Merkmale: Wie ist das Wachstumsverhalten der Kultur und die Wurzelbildung? Welche begleitenden Unkräuter kommen vor, welche Schaderreger treten auf? Machen Sie sich ein Bild über die mikrobiologischen Eigenschaften Ihrer Wirtschaftsdünger.
2) Bodenphysikalische Merkmale: Wie ist die Durchgängigkeit der Bodenoberfläche, die Garebildung im Wurzelbereich? Gibt es Klutenbildung oder plattige Schichten im Boden? Der Boden ist das Habitat der Bodenlebewesen und Wurzeln – und damit ein wichtiger Faktor für den Stoffwechsel der Pflanzen!
3) Die Nährstoffverhältnisse: Bewerten Sie Ihre Bodenuntersuchungen und Pflanzenanalysen, stellen Sie diese gegenüber mit womit, wann und wie Sie düngen.

Berücksichtigen Sie die Wetterverhältnisse in Ihrer Region. Sie können das Wetter nicht verändern, aber dessen Auswirkungen; z. B. durch regenerative und den Boden belebende Maßnahmen.

Auf häufige Fehler bei der Umstellung auf die Regenerative Landwirtschaft in den verschiedenen Kulturen soll nachfolgend hingewiesen werden:

## 10.1 Mähdruschfrüchte

1) Einseitige Winterungen- oder Sommerungen-Fruchtfolgen: wenn mehr als 50 % der jeweiligen Kulturgruppe im Anbau sind, nehmen Probleme zu. Typisch ist der Raps-/Weizen-/Weizen-Anbau in Norddeutschland oder der verstärkte Sommerkulturanbau in spezialisierten Betrieben. Stabil ist eine Fruchtfolge, wenn annähernd 50/50 % Sommerung und Winterung sowie 50/50 % Blatt-/Halmfrüchte angebaut werden können.
2) Bei Düngung/Pflege/Vitalisierung und nicht zuletzt beim Pflanzenschutz keine unbehandelten Teilflächen, die Nullparzellen, gelassen. Damit fehlt der Vergleich zur Wirkungskontrolle.
3) Keine Saatenkontrolle nach dem Auflaufen. Man sollte im ersten Laubblatt-Stadium auszählen, denn dann ist die Keimrate feststellbar. Zusätzlich sehen Sie, ob überdurchschnittlich viel Unkraut aufläuft. Sie können die Gesundheit des Wurzelhalses und frühen Befall mit Schadinsekten bonitieren.
4) Düngung: Pflanzenernährung ausschließlich mit wasserlöslichen NPK-Düngern führt zur Abnahme der Wurzelbildung im Hauptwachstum. Insbesondere lässt sich die anhaftende Erde mit einem Wasserstrahl leicht abspülen. Düngen Sie Boden belebend, also Kalk, Elementarschwefel, Mikronährstoffe und organische Dünger bevorzugt in die Zwischenfrüchte, und die Erntekulturen abnehmend, dann sieht man zunehmenden Erdanhang an den Wurzeln und eine größere Wurzelmenge, vor allem im Hauptwachstum. Das ist gemeint mit Bodenleben ernähren – und der Boden ernährt die Kulturen.
5) Anzeichen von Stress bei den Pflanzen übersehen und nachfolgend die Dominanz des Haupttriebes (Apikaldominanz). Beobachten Sie im Herbst und Frühjahr Ihre Bestände: Sehen Sie zu wenig Wurzelbildung, zu wenig Bestockung, frühzeitiges Vergilben der jüngsten Blätter, geschädigte Wurzeln (verbräunt, kurz und verdickte Wurzelspitzen), erste Flecken an der Halmbasis, Insektenbefall an der Stängelbasis (Kohlfliege, Erdfloh), verschlämmte Bodenoberfläche oder einen klutigen Horizont dicht unter der Saat, leiden Ihre Kulturen unter Früh-Stress. Dann beginnt bei Getreide mit dem Schossbeginn die Triebreduktion. Bei Raps finden Sie einen Verzweigungsansatz höher als 30 cm am Haupttrieb,

**Abb. 110** Wenn die Blattscheide vorsichtig abgezogen wird, sollte das Halmgewebe weiß sein. Dann hat die Kultur die erste Stufe der Pflanzengesundheit – Resistenz gegen Schaderreger aus dem Boden – erreicht.

unter der Hauptknospe schmale Blätter und unterschiedlich große Einzelknospen am Haupttrieb. Wenn Sie frühen Stress feststellen, ist die Vitalisierungsbehandlung, z. B. mit Komposttee und mineralischen Zusätzen, essentiell für den Beginn des Ertragsaufbaues. Der beginnt kurz nach der Bildung der ersten Laubblätter.

6) Pflege der Bodenoberfläche: wenn es trocken wird, zieht sich die Bodenoberfläche zusammen. Die Bodenatmung nimmt ab – und damit die Wasseraufnahme und die Nährstoffverfügbarkeit. In dieser Situation ist die vorsichtige Öffnung der Bodenoberfläche essentiell. Gute Erfahrungen gibt es mit der Rollhacke (Rotary Hoe) und der leichten Walze (Cambridge). Insbesondere die Rollhacke ist über lange Zeit einsetzbar; von der Keimung und bis zum schossenden Getreide ohne Pflanzenverluste. Durch die hohe Fahrgeschwindigkeit ist eine große Flächenleistung möglich.

7) Nährstoffaufnahme zu Beginn des Hauptwachstums nicht überprüft. Das ist der beste Zeitpunkt, um auseinanderrückende N:K- und N:S-Verhältnisse zu erkennen und am Ca+Mg-Gehalt eine eventuell schlechte Funktion des Wurzelsystems festzustellen. Erhöhte Fe-+Mn-Werte und/oder Mo weisen auf Verdichtung hin. B-Mangel wird übersehen, weil zu lange über B-Überschuss diskutiert wird. Nahe beieinander liegende Werte in der Grafik des Prüfberichtes sind ein Zeichen guter Interaktion mit dem Rhizosphären-Mikrobiom!

8) Unterbodenlockerung: wird meistens unterschätzt. Bei zunehmender Trockenheit der häufigste Fehler. Die Unterbodenlockerung zu schnell gefahren; dabei entstehen im Unterboden große Brocken und zu wenig Feinrisse. Lockerungsgeräte ohne Vorgriff verstärken den Schlupf. Verdichtung wurden nicht beseitigt, weil die Flächenleistung des verfügbaren Gerätes nicht ausreicht. Besonders zu Raps, Mais und Kartoffeln sollte der Unterboden gelockert werden. Es sind Geräte mit > 3 m Arbeitsbreite und Zugkraftbedarf < 280 PS am Markt erhältlich! Grubbern ist nicht lockern, die meisten Grubber mischen, damit verstärkt sich der Abbau der organischen Substanz. Nach dem Grubbern wird zur Saat oft Rückverdichtung erforderlich, das kann zu einem oberflächennahen Verdichtungshorizont über der Pflugsohle führen.
9) Gründüngung ausschließlich mit abfrierenden Sommerzwischenfrüchten. Artenarme Gemenge angebaut. Die „Wiesen-Mix“-Regel für die Zusammensetzung der Zwischenfruchtgemenge nicht beachtet. Eigenmischungen mit hohem Hafer-Anteil können zu Allelopathie bei nachfolgendem Getreide führen.
10) Leguminosen lastige Zwischenfrüchte binden zu wenig Stickstoff, weil sie oft so zusammengestellt sind, dass es an Wurzelmasse fehlt. Kreuzblüter lastige Zwischenfrüchte sind nicht besser, es entsteht zu wenig Bodegare. Wasser- und Winderosion, auch im Folgejahr, kann damit nicht verhindert werden.
11) Wenn das Untersaat-Gemenge nicht auf das Anbausystem abgestimmt ist, kann das zum Durchwachsen führen. Zu frühe Einsaat von Untersaat-Gemenge, wenn mineralische Stickstoffdünger verwendet werden. Artenarme Untersaat-Gemenge können zur Fruchtfolgestellung Halmfrucht-Halmfrucht oder Blattfrucht-Blattfrucht führen. Klee ohne Gras als Untersaat führt zu extremer Bodenverhärtung nach Ernte.
12) Gebrauchte oder ungeeignete Fräsen. Man sieht es an herausgerissenen Wurzelballen und zu wenig Feinboden im Fräsgut. Rotordrehzahl und Fahrgeschwindigkeit können nicht aufeinander abgestimmt sein. Man sieht es ebenfalls an zu wenig Feinboden. Einen verschmierten Schnitthorizont übersehen führt zu starker Störung der Wasserführung und damit zur Verunkrautung. Fräsen von Boden ohne lebende Wurzeln führt immer zur Verschmierung!
13) Rottekontrolle vor der Saat nicht durchgeführt. Das ist vor allem im Frühjahr kritisch, denn die Witterung kann die Rotte „erfrieren“ lassen.
14) Vegetationsbeginn oder ausreichende Bodentemperatur bei der Schälung nicht beachtet. Das verstärkt den Befall mit der Saatenfliege.

15) Nicht abgebaute Pflanzenschutzmittelreste im Boden, vor allem zur Bekämpfung von Ackerfuchsschwanz, können den Rotteeffekt deutlich stören.
16) Eine zu geringe Fermenteinspritzung oder ungeeignete Fermentqualität durch Mehrfachvermehrung kann die Rotte ebenfalls verlangsamen.
17) Schlechte Silizium-Verfügbarkeit auf kalkreichen, organisch überdüngten oder verdichteten Standorten. Das kann zu verstärktem Auftreten von behaarten Unkräutern (z. B. Klettenlabkraut, Taubnessel, Ehrenpreisarten, Ackerhohlzahn, Quecke, Trespe) führen.

## 10.2 Futterbau und Grünland

1) Die Bodenoberfläche ist häufig nicht durchlässig. Wenn Sie auf dem Spaten sehen, dass auffällig viele Feinwurzeln auf der Oberfläche entlangwachsen, der Krümelhorizont nach 3–5 cm zu Ende ist oder bei einem Versickerungstest 100 mm simulierter Niederschlag nicht nach spätestens 5 Min. versickern, ist der Boden verschlossen. Gehemmte Bodenatmung führt dann zum Anstieg der Kalium-Werte im Futter. Gehemmte Versickerung führt zu Ertragsabfall bei Trockenheit.
2) Keine Boden belebende Düngung: Unbelebte, am Geruch deutlich erkennbare Gülle bzw. Gärrest führen zur deutlichen Abnahme des mikrobiellen Bodenlebens und damit zur Abnahme der Nährstoffbindung. Ein steigender Anteil ungebundener, im Bodenwasser gelöster Nährstoffe führt zur Auswaschung und abnehmender Nährstoffeffizienz. Die Verunkrautung, z. B. mit Ampferarten, nimmt zu.
3) Kalkbedarf übersehen: Hohe Niederschläge, einen hohe Düngeintensität, auch organisch, und eine hohe Nutzungsintensität können zu Kalkmangel in der Wurzelzone führen. Überprüfen Sie regelmäßig im Frühjahr mit dem Karbonattest die Kalkverfügbarkeit!
4) Zusätzliche Düngung: Grünland, als Artengemenge angesät, kann sich selbst mit Nährstoffen versorgen. Wenn die Bodenoberfläche durchlässig ist, der Unterboden nicht verdichtet, zwischen Mäh- und Weidenutzung gewechselt werden kann, reicht der belebte Wirtschaftsdünger in den Mengen, wie sie bei der Beweidung anfallen, aus. Eine zusätzliche Zufuhr mineralischer oder organischer Nährstoffe kann dann zur Abnahme der Futterqualität, der Silierfähigkeit, zu zunehmendem Krankheitsdruck im Tierbestand und zu Bodenverdichtungen führen.
5) Verdichtungen bis in 20 cm Tiefe: intensive Mähnutzung, vor allem für Silage, kann zu tiefreichender Verdichtung führen. Auch dadurch kann der Kaliumgehalt des Futters steigen, der DCAB-Wert (Säuren-Basen-Balance-Wert) ebenfalls. In trockenen Regionen fördert Verdichtung die Ausbreitung von Feldmäusen auf den Futterflächen.

**Abb. 111** Karbonattest auf dem Grünland. Sie sehen hier die Wirkung einer Kopfkalkung im Frühjahr.

6) Überweidung: sie hinterlässt ebenfalls tiefreichende Verdichtung, der Eiweißgehalt des Tierdunges wird fäulnisartig zersetzt. Besonders in niederschlagsreichen Regionen sind das die Ausgangsbedingungen für Scharfen Hahnenfuß und die Kreuzkrautarten.
7) Neuansaat: Grünlandpflege, Wiesenlüften und Unterbodenlockerung sind wichtiger als Neuansaat! Wenn Neuansaat notwendig wird, sollte nach einer Albrecht-Bodenanalyse vorher gedüngt werden. Nur Bodenbearbeitung, organische Düngung und die Ansaat leistungsstarker Sorten kann nach kurzer Zeit zur weiteren Verschlechterung der Futterqualität führen!
8) Mulchen: Das Mulchen von ungenutztem Aufwuchs sollte ebenso wie die Grünlandpflege, das Wiesenlüften und die Unterbodenlockerung mit Fermenteinspritzung kombiniert werden.

## 10.3 Feldgemüse und Gemüse im geschützten Anbau

Der Feldgemüsebau mit stark zehrenden Arten in kurzer Kulturdauer ist eine Herausforderung an Ihr Wissen um die Nährstoffverfügbarkeit aus dem Bodenstoffwechsel! Wenn Sie Boden belebende Maßnahmen in den Anbau integrieren, kontrollieren Sie deren Wirkung aufmerksam in Nullparzellen (für Zwischenfrüchte, Düngung, Fermenteinspritzung, Vitalisierung). Nutzen Sie die Pflanzenanalyse oder die Blattsaftanalyse zur Kontrolle der Nährstoffaufnahme. Sehen Sie Unkräuter nicht nur als unvermeidbaren Aufwand, sondern als Hinweis auf fehlende Funktionen der Bodenmikrobiologie und damit Nährstoffverluste an.

Kombinieren Sie Beet- und Dammanbau. Nutzen Sie Mulchverfahren, wo immer es geht.

Typische Fehler erster regenerativer Schritte im Gemüsebau sind:

1) Die N-Düngung in starkzehrenden Kulturen wird nach N-Entzug organisch zugegeben. Das führt wegen der N-Verluste zur P/K-Anreicherung der Böden und Zunahme von salzliebenden Unkräutern wie Bingelkraut, Knötericharten, Weißer Gänsefuß, Schwarzer Nachtschatten, Kleiner Brennnessel, Ackerkratzdistel, Vogelmiere – und letzten Endes zur Ausbreitung von Drahtwürmern. Stickstoffüberschuss-Anzeiger zeigen nicht etwa zu viel N an, sondern N-Verluste durch gestörte Humusbildung!
2) Kalken nach pH-Wert. Gerade auf organisch stark gedüngten Böden ist der pH-Wert selten zu niedrig, er wird vom Kalium hochgehalten. Dann übersehen Sie vielleicht einen Kalkmangel. Viele Gemüsearten haben einen erhöhten Kalkbedarf, der durch Kopfkalkung abgesichert werden sollte. Kalkmangel bahnt sich spätestens dann an, wenn Sie zunehmenden Queckendruck feststellen.
3) Mn- und Si-Mangel nicht erkannt. Erst mit der Pflanzenanalyse oder der Blattsaftanalyse erkennen Sie die Ursache diffuser Wachstumshemmung oder erhöhter Anfälligkeit für Schadinsekten oder Blattkrankheiten. Beispielsweise ist der Erdflohdruck die Folge fehlender Bodengare oder Anwendung organischer Dünger im Abbauzustand und damit dem Ausfall der Siliziumverfügbarkeit! Die gleichen Ursachen führen zu Mn-Mangel.
4) Intensive Bodenbearbeitung zur Kulturvorbereitung. Lassen Sie Gare durch Fermenteinspritzung entstehen, nicht nur durch hohen technischen Aufwand! Über-bearbeitete Böden verdichten sich danach besonders schnell.
5) Unkrautkontrolle mit vielen Durchfahrten zur Hackpflege. Das fördert oberflächennahe Verdichtungen und den Druck von Franzosenkraut, Knopfkraut, Hirsen. Erst die Kombination von Flächenrotte mit Fermenteinspritzung + Vitalisierung durch Tauchen und frühe Komposteespritzung, Untersaat einstreuen oder Mulchen lässt den Unkrautdruck abnehmen und damit den Arbeitsaufwand zur Regulierung.
6) Verdichtung nicht beseitigt, weil die Flächenleistung der verfügbaren Geräte nicht ausreicht. Dies führt zu Übernässung oder Austrocknung der Wurzelzone in rascher Folge und zu Qualitätsmängeln der Ernte. – Insgesamt führen zu intensiv bearbeitete und stark überdüngte Flächen mittelfristig zu plötzlichem Absterben einzelner Pflanzen.
7) Gründüngung: Leguminosen lastige oder Kreuzblüter lastige Zwischenfrüchte ohne Gräser verbieten sich im Gemüsebau von selbst. Der Aufwuchs sollte mindestens zu 1/3 aus Grasarten bestehen!

**Abb. 112** Rote Bete regenerativ angebaut: man sieht das wurzelbetonte Wachstum am Knollen-Kraut-Verhältnis.

8) Fehler beim Schälen mit der Fräse: gebrauchte oder ungeeignete Fräsen. Wurzelballen werden herausgerissen, zu wenig Feinboden, verschmierten Schnitthorizont übersehen. Fräsen ohne lebende Wurzeln! Vor der Saat keine Rottekontrolle gemacht, vor allem im Frühjahr, kann zu verstärktem Unkrautdruck und Verlusten bei feinsamigen Kulturen führen.
9) Pflanzenfermente: zu wenig bei der Bodenbearbeitung eingespritzt. Ungeeignete Qualität durch Mehrfachvermehrung.
10) Vitalisierung: Auflaufenden oder gerade angewachsenen Kulturen sollte durch die Vitalisierung mit Komposttee + Fermentzusatz + spritzbarem Kalk + Zeolith + Bor-Blattdünger der Stress genommen werden. Nur Düngen allein reicht nicht. Die Nährstoffzufuhr wird erst vollständig wirksam, wenn gleichzeitig vitalisiert wird. Wegen der kurzen Wachstumsdauer vieler Gemüsearten sollte im 1–2-wöchigen Abstand vitalisiert werden, um alle Pflanzenstress auslösenden Situationen zu vermeiden.
11) Düngung im geschützten Anbau: oft wird zu viel gegeben, auch organisch. Überprüfen Sie jährlich mit dem Albrecht-Bodentest und der Pflanzenanalyse die Nährstoffverfügbarkeit und die Nährstoffaufnahme! Bereits vorhandene Überdüngung sollte wegen der dann folgenden begrenzten Nährstoffaufnahme nicht noch verstärkt werden.

Der Dialog mit anderen Praktikern kann für die ersten Schritte hilfreich sein. Angebote finden Sie z. B. auf www.gruenebruecke.de

# Erläuterung der Fachbegriffe

| | |
|---|---|
| Anionen | Negativ geladene Ionen. Anionische Nährstoffe sind: $NO_3^-$, $SO_4^{2-}$, $H_2PO_4^-$ und $HCO_3^-$. Sie gehen leicht in Lösung (außer Phosphat und Sulfat). Sie werden im Bodenstoffwechsel in organische Formen umgewandelt und in der organischen Substanz des Bodens festgehalten. In dieser organischen Bindung nehmen sie Pflanzen bevorzugt auf, weil sie daraus nach Bedarf freisetzbar sind. Geringe mikrobielle Aktivität des Bodens lässt diese Ionenformen stärker hervortreten, das fördert unharmonische Aufnahme (Nitratüberschuss) und Nährstoffverluste durch Auswaschung und Ausgasung. |
| Basensättigung | Positiv geladene Ionen nennt man Kationen. Das sind die basischen Nährstoffe $Ca^{2+}$, $Mg^{2+}$, $K^+$. Andere basische Ionen sind $H^+$, $Na^+$ und $Al^{3+}$. Sie werden elektromagnetisch am Kationen-Austauscher, dem Ton-Humus-Komplex, austauschbar festgehalten. Der Kationenaustauscher ist also mehr oder weniger mit basischen Nährstoffen abgesättigt. |
| Biom des Bodens | Biom = großer Lebensraum. Hier: vorherrschende Lebensgemeinschaft des Bodens. Es wird, je nach Bodenart, mit bis zu 80 % vom Mikrobiom, der Lebensgemeinschaft der Bodenmikroben (Bakterien, Archaeen, Pilze, Algen) gebildet und zu 20 % von Bodentieren (u. a. Wimpertierchen, Amöben, Nematoden, Ringelwürmer wie z. B. Regenwurm). |
| Bodenfruchtbarkeit | Die Fähigkeit des Bodens zu hoher Ernte bei bester Produktqualität, Klimafestigkeit der Kulturen, Krankheitsresistenz und geringem Unkrautauftreten. Fruchtbarkeit ist ein Indiz für einen intakten Lebensraum. |
| Bodenstoffwechsel | Stoffwechselprozesse der Organismen im Boden. Die Lebensgemeinschaft des Bodens verstoffwechselt ständig organische Substanz (z. B. abgestorbene Pflanzenreste oder Stoffe, die von den wachsenden Pflanzen über die Wurzeln abgegeben werden, auch Bodenlebewesen). Die Nebeneffekte für die Landwirtschaft sind Humusbildung und effiziente Nährstofffreisetzung. Diese Nebeneffekte erfordern bewachsene Böden, um die Träger des Bodenstoffwechsels, das Bodenleben, mit Energie zu versorgen. |
| Bodenstruktur | Wird von mineralischer und organischer Bodensubstanz, Wasser und Luft gebildet und ist daher vom Porengehalt des Bodens geprägt. Eine belebte Struktur ist krümelig mit runden Krümeln und besteht zu gleichen Anteilen aus Grob-, Mittel- und Feinporen. Diese können bis 50% des Bodenvolumens bilden! Wenig belebte Böden haben zu wenig Poren und eckige, wenig wasserbeständige Krümel. Verdichtete Böden verlieren die Struktur und damit das Habitat, die Orte, wo das Bodenleben „wohnt“. |

**Brix-Wert**
Nährstoffdichte im Pflanzensaft, überwiegend assimilierter Zucker und geringe Mengen an gelösten organischen Stoffen und Nährsalze. Die gelösten Stoffe, die kein Zucker sind, machen die Brechungsgrenze im Refraktometer unscharf. Je unschärfer die Brechungsgrenze, umso höher ist die Nährstoffaufnahme der Pflanze. Je höher der Brix-Wert, umso besser ist die Stoffwechselaktivität der Kultur. In wachsenden Kulturen sind hohe Brix-Werte positiv zu beurteilen, wenn pH-Wert und Leitfähigkeit ebenfalls im Optimalbereich liegen. Anderenfalls haben Sie einen Assimilatstau gefunden. Kulturen, die einen stabilen Brix-Wert ab 12 % bilden können, sind widerstandsfähig gegen Krankheitsbefall.

**Chemische Wasserbindung**
Wasser kann nicht nur physikalisch an Tonminerale, sondern auch chemisch durch Bindung von Protonen ($H^+$-Ionen) an Humus gebunden werden. Auch die Bildung von Kalziumbikarbonat (doppelt kohlensaurer Kalk) durch Bodenatmung ist eine chemische Wasserbindung in mineralischer Form. Beides setzt hohe mikrobielle Aktivität des Bodens voraus, die durch die regenerative Bewirtschaftung gefördert wird. Boden mit chemisch gebundenem Wasser ist nicht nass und stellt den Pflanzen auch in Trockenperioden Wasser zur Verfügung. Diese Wasserform kann durch die Pflanzen gemeinsam mit ihren mikrobiellen Partnern an den Wurzeln aktiv gebildet und erschlossen werden.

**Dominanz (bakterielle)**
Eine typische Eigenschaft von Bakterien und Archaeen. Bodenpilze und Boden-Mikrofauna haben diese Eigenschaft nicht. Einzelne Arten verdrängen im Stoffwechsel andere Arten, sodass sich am Ort des Stoffwechsels (z. B. im Boden, in Lagern organischer Dünger) ein oxidativer Stoffwechsel (mit Abbau, Energie- und Stoffverlust) oder reduktiver Stoffwechsel (energieeffizient, mit Bildung komplexerer Biomoleküle) einstellen kann.
Die Grundzusammensetzung der Pflanzenfermente (Milchsäurebakterien, Hefen und Fotosynthesebakterien) hat eine ausgeprägte dominante Wirkung auf mikrobielle Stoffwechselprozesse und bewirkt die Einstellung reduktiver Verhältnisse.

**Düngung**
Externe Nährstoffzufuhr zur Kulturführung zur Ergänzung des Nährstoffbedarfs. Düngung ist weniger effizient als die Nährstoffaufnahme aus dem aktiven Bodenstoffwechsel; Düngung kann die Nährstoffverhältnisse auch verschlechtern und die Aktivität der Bodenmikroorganismen hemmen.

**Flächenrotte**
Flache und lockere Einarbeitung frischer, grüner Pflanzenmasse mit Feinbodenerzeugung. Damit wird der Bodenstoffwechsel mit Energie aus schnell umsetzbaren Zucker- und Eiweißstoffen versorgt. Der Unterschied zur Flächenkompostierung und organischen Düngung mit Wirtschaftsdüngern ist der Energiegehalt der frischen, grünen Pflanzenmasse.

**Genom**
Genetische Ausstattung eines Organismus, eines Lebewesens.

**Gips** Kalziumsulfat; kann wirkungsvoll gedüngt werden, wenn die Kalziumbasensättigung 60 % nicht unter- und 74 % nicht überschreitet. Gips reduziert eine Magnesium- und Kaliumübersättigung (auch Natriumübersättigung in salinischen Böden). Gips sollte immer gemeinsam mit kohlensaurem Kalk gedüngt werden. Hohe empfohlene Aufwandmengen sollten geteilt werden, wählen Sie die Einzelgabe nicht über 0,5 t/ha.

**Grundazidität des Bodens** Ist die Säurebildung durch die normale Bodenatmung an den Wurzeln und für eine gute Nährstoffaufnahme der Pflanzen erforderlich. Optimal sind pH-Werte leicht unter dem Neutralpunkt pH 7. Die Bodensäure sollte vor allem aus der Bodenatmung durch $CO_2$-Bildung entstehen (nicht wie z. B. durch Aluminiumazidität nach dem Verlust des Biofilms auf den Tonteilchen). Fehlt die Grundazidität, treten die mineralischen Eigenschaften des Bodens hervor, die Austauscherbelegung mit Kationen steigt über die Gleichgewichte, der hohe pH-Wert behindert die P/K- und Mikronährstoffaufnahme.

**Habitat** Lebensraum einer Art. Damit ist hier der Lebensraum, das „Wohn-Umfeld“, der Bodenorganismen gemeint. Optimal sind ausreichend Mittel- und kleine Grobporen in der Bodenstruktur. Eine ständige Bodenbedeckung ist durch ihre klimatisierende Wirkung ebenfalls wichtig.

**Herbstdüngung** Ausbringung von Kalk, Schwefel, organischen Düngern und Mikronährstoffen im Herbst in die Zwischenfrüchte oder in Herbstsaaten. Gedüngt wird nach der Bestellung. Ziele sind der optimale Aufschluss und die Verstoffwechselung der Dünger an der Bodenoberfläche, dem Ort der höchsten mikrobiellen Aktivität.

**Humusregeneration** Wiederherstellung des organisch gebundenen Kohlenstoffgehaltes des Bodens durch mikrobielle Bodenaktivität. Da Pflanzen und Bodenmikroben in der Rhizosphäre ein System sind, ist der Anbau und der Umgang mit bewachsenen Flächen der Schlüssel zur Humusregeneration.

**Kationen** Siehe Basensättigung.

**Kationen-Austauschkapazität (KAK, engl. CEC)** Der Ton-Humus-Komplex kann durch seine negative Ladung basische Nährstoffe (Kationen) festhalten, das ist seine Kapazität. Der Humusanteil hat eine mehrfach höhere Kationenaustauschkapazität, deshalb ist die Humusbildung im Boden so entscheidend für die Nährstoffbindung im Boden. Ist der Humusgehalt gering, wird die Austauschkapazität vom Tongehalt des Bodens abhängig. Die Austauschvorgänge sind in mineralisch geprägten Böden schlechter, es kommt zu Nährstoffverlusten; Mangelsituationen in der Kultur (auch bei normalen Nährstoffgehalten) nehmen zu.
Die potenzielle und die aktuelle Kationenaustauschkapazität werden durch unterschiedlich „scharfe“ Extraktion festgestellt. Die Differenz ist ein Maß für den Belebtheitsgrad des Bodens. Belebte Böden haben 90–100 % aktuelle Kationenaustauschkapazität im Verhältnis zur potenziellen Kationenaustauschkapazität.

**Kompetenzaneignung (bakterielle)** Eine typische Eigenschaft von einzelnen Bakterienarten. Kompetenzaneignung ist die Fähigkeit, frei vorhandene (Fremd-)DNA aufzunehmen und diese in das eigene Genom zu integrieren oder sich davon zu ernähren. Diese Bakterien werden umgewandelt, sie „verschwinden". Das ist eine Ursache für die relative Artenarmut des bakteriellen Bioms im Boden gegenüber dem Artenreichtum des pilzlichen Bioms. Die Kompetenzaneignung können Bakterien über das Quorum sensing (Anzahl spüren) steuern.
Beispiele Kompetenz aneignender Arten:
1) *Bacillus subtilis* – der Heubazillus
2) Streptomyceten, eine Unterart der Fadenbakterien (Actinobacteria). Sie können sich als typische Bodenbakterien dadurch positiv rückkoppeln.

**Mikrobiom** Gesamtheit der Mikroorganismen in einem größeren Lebensraum. Hier: in einer Bodenschicht oder in Lagern organischer Wirtschaftsdünger.

**Milieu** Physikalische, chemische, biologische Gegebenheiten eines Lebensraumes.
Hier: das Umfeld der Bodenmikroben. Für Mikroben entscheidend: die Nahrung, Feuchtigkeit und Temperatur. Verändern sich die Faktoren, verändert sich der mikrobielle Stoffwechsel (bei abnehmender Temperatur kann es daher zu Fäulnis kommen). Fehlt ein Faktor, kommen Stoffwechselprozesse zum Stillstand.

**Mykorrhiza** Eine enge Symbiose zwischen Pflanzen und Bodenpilzen. Die Pilze leben im Wurzelsystem der Pflanzen. Pilze und Pflanzen „beliefern" sich gegenseitig mit ihren Stoffwechselprodukten. In Landwirtschaft und Gartenbau sind die Arten der einkeimblättrigen Pflanzen mykorrhiziert, zweikeimblättrige Kulturen und Unkräuter haben oft keine Mykorrhiza-Symbiose. Allerdings können die nicht mykorrhizierten Pflanzenarten ebenso stark das pilzliche Biom im Boden fördern. Die Mykorrhiza ist ein Beispiel für den gemeinsamen Stoffwechsel von Pflanzen und Mikrobiom. Deswegen sollten Pflanzen und Mikrobiom in der Rhizosphäre gemeinsam kontrolliert und gefördert werden.

**Nährstoffaufnahme** Ist ein biochemischer und physikalischer Prozess an und in den Pflanzenwurzeln. Mittlerweile ist bekannt, dass die Aufnahme von Nährstoffen eng mit der Aktivität der Rhizosphärenflora (Bakterien, Pilze, Mikrofauna) verbunden ist. Je mehr Pflanzen Nährstoffe in Gemeinschaftsarbeit mit ihrer mikrobiellen Rhizosphärenflora aufnehmen können, umso effizienter ist die Nährstoffaufnahme. Pflanzen steuern durch die Abgabe von organischen Substanzen an der Wurzelspitze die Zusammensetzung und Aktivität der Rhizosphärenflora. Deshalb sind der ständige Bewuchs mit lebenden Pflanzen und die Belebung der Bodenorganismen so notwendig für eine effiziente Nährstoffaufnahme.
Nimmt die Aktivität des Bodenlebens ab, treten chemisch-physikalische Prozesse der Nährstoffaufnahme stärker hervor. Beispiele sind der Massenfluss, über den z. B. Kalzium, Magnesium, Bor und Nitrat aufgenommen werden. Diese Prozesse kann die Pflanze nicht steuern, sodass Nährstoffungleichgewichte, Mangel und Ineffizienz im pflanzlichen Stoffwechsel zunehmen. Der abiotische Stress steigt, die Fotosyntheseleistung sinkt.

| | |
|---|---|
| Nährstofffrei-setzung | Ist ein biochemischer Prozess, der stark von der Bodengare, also dem Grad der Belebung und der Bodenstruktur abhängt. Verdichtungshorizonte behindern die Nährstofffreisetzung. Das kann zu Mangel in der Kultur bis zur Welke bei noch feuchtem Boden führen. |
| Oxidatives Milieu | Der Stoffwechsel besteht aus der Abbauphase, dem Umsteuern und der Aufbauphase. In der Abbauphase werden die Ausgangsstoffe (die Nahrung) getrennt und es wird dabei Energie frei. Diese Energie wird für andere Lebensprozesse gebraucht oder geht verloren. Der Energieentzug aus der Abbauphase wird (im übertragenen Sinne) Oxidation genannt. Diese Oxidation findet bei Anwesenheit, aber auch Fehlen von Sauerstoff statt. |
| pH-Wert | Ist der Wasserstoffionen-Gehalt in der Bodenlösung. Zwischen den pH-Stufen liegt wegen der Logarithmuszählung eine Zehnerpotenz der Wasserstoffionen-Konzentration. Die Wasserstoffionen sind biogenen Ursprungs, sie entstehen durch Kohlensäurebildung ($H_2CO_3$) durch die Bodenatmung. Die biogene Wasserstoff-Ionenbildung im Boden versauert den Boden nicht, weil die Kohlensäure auch verstoffwechselt wird. Sie ist eine Energiequelle für den Bodenstoffwechsel. Durch Kationenmangel oder Düngung gebildeter Wasserstoffgehalt in der Bodenlösung führt zur Versauerung. Der potenzielle und aktuelle pH-Wert wird durch unterschiedlich stark wirkende Extraktion festgestellt. Die Differenz ist ein Maß für den Belebtheitsgrad des Bodens. In belebten Böden sind beide pH-Werte nahe beieinander, der Wasser-pH-Wert liegt etwa 0,5 pH-Stufen über dem gepufferten pH-Wert. Eine Differenz bis 1,0 zeigt abnehmendes Bodenleben. Ist sie größer, ist der Boden unbelebt oder das Humus bildende Bodenleben inaktiv.<br>Wenn Sie den gepufferten pH-Wert über dem Wasser-pH-Wert finden, haben Sie Versalzung festgestellt. Das kommt in Kompostmieten häufig vor. |
| Porenvolumen | Die Bodenporen sollten in der Größe zu gleichen Teilen Makro-, Meso- und Mikroporen sein. In den Makro- und Mesoporen, also den größeren Poren, sind die Wurzeln und das Bodenleben „zu Hause“. Wenig belebte Böden haben viel zu wenig Makro- und Mesoporen, sie ziehen sich durch die paramagnetische Eigenschaft der Tonteilchen und des Wassers zusammen. Bewuchs, Flächenrotte und organische Düngung steigern den Makro- und Mesoporenanteil. |
| Regenerative Landwirtschaft | Das ist die Wiederherstellung des lebend verbauten Kohlenstoffs im Boden durch Wiederherstellung des mikrobiellen Bodenlebens. Mit den gleichen Methoden wird der höchste Nähr- und Vitalstoffgehalt der Ernten erreicht. Diese Methoden können in Feldkulturen, Futterbau und Weidehaltung, Dauerkulturen und im geschützten Anbau umgesetzt werden.<br>Organische Düngung, Agroforst und Portionsweide mit kurzer Weidedauer sind Ergänzungen der regenerativen Bewirtschaftung. Der Beginn durch die Handhabung bewachsener Böden erfordert anfangs keine Umstrukturierung des Betriebes. |
| Rhizosphären-Mikroflora | Im Wurzelbereich (Rhizosphäre) der Pflanzen ist die Konzentration an Bodenmikroben stark erhöht, sie ist bis 1000-fach höher als neben den Wurzeln. Das meiste mikrobielle Leben findet in einem Abstand von 1–2 mm rund um die Wurzel statt. Deswegen ist es für die Belebung des Bodens von zentraler Bedeutung, dass er stark durchwurzelt ist. |

Reduktives Milieu

Das ist im übertragenen Sinne die aufbauende Phase in einem Stoffwechselprozess. Das reduktive Milieu kann Elektronen aus dem Stoffabbau aufnehmen und speichern, wie eine Batterie. Das reduktive Milieu wird durch organisch gebundene (z. B. an Humus) Protonen ($H^+$-Ionen) aus der enzymatischen Wasserspaltung gebildet. → Siehe chemische Wasserbindung

Redoxreaktion

Eine Reaktion, bei der ein Reaktionspartner Elektronen abgibt, „oxidiert", und ein anderer diese aufnimmt und dadurch reduziert wird. Die Stoffwechselprozesse in Lebewesen bestehen aus diesen beiden Teilschritten.

Redoxpotential

Das Redoxpotential kann als elektrische Spannung in Millivolt (mV) gemessen werden. Zeitgleich wird der pH-Wert festgestellt. Ein negatives Redoxpotential weist auf Energieaufnahme des Stoffwechsels, aber auch Energiespeicherung und damit Bildung komplexer Moleküle, wie Humus, hin. Dies wird hier als „reduktiv" bezeichnet. Ist das Redoxpotential positiv, zeigt sich Energiefreisetzung durch Stoffabbau, ähnlich wie in der Verbrennung. Es bilden sich kurzkettige Verbindungen. Das ist der „oxidativ" dominierte Stoffwechsel. Ist im Stoffwechsel das Umsteuern in eine reduktive Phase behindert, werden die Ausgangsstoffe bis zur Mineralisierung und damit Freisetzung von Wasser, $CO_2$ und Methan unter Energieverlust abgebaut. Bodenproben zur Redoxmessung sollten aus dem Wurzelbereich der Kultur entnommen werden.

Rotteförderung

Das ist die Steuerung der Rotte durch Pflanzenfermente, Pufferstoffe oder energetisch wirksame Präparate. Stoffwechselprozesse, wie die Rotte frisch-grünen Pflanzenmaterials und die Humifizierung von Mist und Gülle laufen sicher und schnell ab, wenn man das mikrobielle Milieu durch Pflanzenfermente, Pufferstoffe oder energetisch wirksame Präparate steuert. Pufferstoffe (Pflanzenkohle und Tonminerale) binden Salze und toxische Eiweißabbauprodukte. Energetische Präparate verbessern die Wasserstruktur, denn Stoffwechselprozesse laufen im wässrigen Milieu ab.

Trockenrohdichte

Das Volumengewicht des Bodens. Es wird für die genaue Humusbestimmung im Labor festgestellt. Böden unter 1,3 kg/l Volumengewicht haben vorwiegend eine gute Bodenstruktur durch Humusbildung, schwerere Böden haben den Humus verloren.

Vitalisierung

Das ist die gemeinsame Belebung von Pflanzenkulturen und Bodenorganismen. Kontrolliert wird dies an den Pflanzen im Blattsaft am Brix-Wert, pH-Wert und der elektrischen Leitfähigkeit. Reicht das Wachstumsstadium aus, gewinnt man den Blattsaft an der Sprossspitze und an der Halmbasis. Im Boden kontrolliert man die Vitalisierung mit den beiden pH-Werten (siehe pH-Wert) und der Leitfähigkeit in einer einfachen Bodenaufschwemmung.

# Bodengare feststellen

**Bodengareansprache mit Spaten und Sonde**

Betrieb: ...................................... Schlag: ......................................

Datum: ...................................... Kultur: ......................................

| **Belebter Boden** | **Merkmal** | **Abnehmendes oder geschädigtes Bodenleben** |
|---|---|---|
| 1) Eine netzförmige Struktur aus Wurzeln, Feinwurzeln und Bodenkrümeln<br>2) Das Wurzel-Erde-Netz hält zusammen<br>3) Die Wurzeln sind weiß<br>4) Erdanhang an den Wurzeln<br>5) Die Wurzeln verbreiten sich gleichmäßig<br>6) Pfahlwurzler bilden viele Seitenwurzeln | **Zusammenwirken** von Pflanzen und Bodenleben | 7) Keine Wurzeln<br>8) Nur nackte Wurzeln ohne Erdanhang (z. B. vom Unkraut)<br>9) Eckige, klutige Bodenteile<br>10) Boden fällt auseinander<br>11) Braune oder geschädigte Wurzeln, z. T. Fraßschäden<br>12) Die Wurzeln sind abgeknickt<br>13) Pfahlwurzler bilden wenig dicke Seitenwurzeln |
| 14) Die Krümel haben bis mindestens 15 cm Tiefe etwa gleiche Größe und Form<br>15) Die Bodenfarbe ist gleichmäßig, kann nach unten langsam heller werden<br>16) Keine scharfe Farbgrenze, z. B. an der Pflugsohle | **Gleichmäßigkeit** bei der: Krümelform, Krümelfarbe, Farbverlauf im Boden | 17) Unterschiedliche Krümelgröße von 2–10 mm, Übergang zu Bodenkluten innerhalb 15 cm Tiefe<br>18) Die Bodenfarbe ist wechselnd<br>19) Scharfe Abgrenzung, z. B. an der Pflugsohle |
| 20) Runde Krümel mit 2–5 mm Durchmesser<br>21) Fließender Übergang in eckige Krümelform unterhalb 15 cm Tiefe | **Krümelform**<br>Rund = belebt<br>Eckig = unbelebt | 22) Eckige Krümel mit 2–10 mm Durchmesser<br>23) Auf dem Spaten mehrere unterschiedliche Krümelhorizonte<br>24) Der Boden klappt auf wie ein Buch<br>25) Verdichtungsschichten |
| 26) Süß-mineralisch, nach Walderde oder dem Boden unter Karotten<br>27) Herzhaft-würzig, wie unter Kartoffeln | Der **Bodengeruch** | 28) Boden ist geruchlos oder stinkend<br>29) Wurzeln (auch die der Unkräuter) riechen muffig oder bitter |
| 30) Leichte Blasenbildung bis deutliches Aufbrausen | Der **Karbonattest** | 31) Keine Reaktion, nicht an Bodenoberfläche und Grund der Spatenprobe |

# Vergleichswerte für die Pflanzen-analyse

## Nährstoffgehalte in der Trockensubstanz nach komplexer Pflanzenanalyse

Nach Bergmann 1993, TLL, IAU Freyburg (Stand 2016)

**Tabelle 19:** Getreide.

| Kultur | Stadium EC | N % TS | Ca % TS | P % TS | K % TS | Mg % TS | S % TS |
|---|---|---|---|---|---|---|---|
| Wi.-Weizen | 30/31 | 3,2–5,2 | 0,44–0,72 | 0,36–0,57 | 3,3–5,1 | 0,08–0,16 | 0,3–0,5 |
| Wi.-Weizen | 39/41 | 2,0–3,3 | 0,30–0,52 | 0,26–0,39 | 2,5–4,0 | 0,08–0,15 | 0,3–0,5 |
| Wi.-Dinkel | 30/31 | 3,2–5,2 | 0,44–0,72 | 0,36–0,57 | 3,3–5,1 | 0,08–0,16 | 0,37–0,41 |
| Wi.-Gerste | 30/31 | 2,5–5,0 | 0,3–1,0 | 0,34–0,6 | 3,2–5,7 | 0,08–0,18 | 0,3–0,5 |
| Wi.-Roggen | 30/31 | 2,6–5,0 | 0,35–1,0 | 0,42–0,73 | 2,9–4,8 | 0,08–0,19 | 0,33–0,41 |
| Triticale | 30/31 | 2,2–4,1 | 0,4–1,0 | 0,24–0,60 | 3,2–4,9 | 0,08–0,22 | 0,3–0,42 |
| So.-Gerste | 30/31 | 2,8–5,0 | 0,5–1,0 | 0,25–0,6 | 3,0–5,5 | 0,15–0,30 | 0,37–0,50 |
| So.-Gerste | 39/41 | 1,8–3,5 | 0,32–1,1 | 0,30–0,56 | 2,1–4,6 | 0,08–0,15 | 0,30–0,40 |
| Hafer | 30/31 | 2,0–4,0 | 0,5–1,0 | 0,26–0,59 | 3,3–6,5 | 0,10–0,20 | 0,30–0,50 |

| Kultur | Stadium EC | B ppm | Mn ppm | Cu ppm | Zn ppm | Fe ppm | Mo ppm |
|---|---|---|---|---|---|---|---|
| Wi.-Weizen | 30/31 | 6–12 | 31–100 | 4,4–11,2 | 21–70 | 50–150 | 0,1–0,3 |
| Wi.-Weizen | 39/41 |  | 28–65 | 3,4–9,5 | 17–28 | 50–150 | 0,1–0,3 |
| Wi.-Dinkel | 30/31 | 6–12 | 31–100 | 4,4–11,2 | 21–34 | 50–150 | 0,1–0,3 |
| Wi.-Gerste | 30/31 | 6–12 | 19–88 | 3,6–12 | 23–52 | 50–150 | 0,1–0,3 |
| Wi.-Roggen | 30/31 | 5–10 | 19–98 | 5,1–9,6 | 25–39 | 50–150 | 0,1–0,3 |
| Triticale | 30/31 | 6–12 | 27–145 | 4,6–15 | 18–70 | 50–150 | 0,2–0,5 |
| So.-Gerste | 30/31 | 6–12 | 30–100 | 6–12 | 20–60 | 50–150 | 0,1–0,3 |
| So.-Gerste | 39/41 | 5–10 | 23–130 | 3,7–14 | 15–60 | 50–150 | 0,1–0,3 |
| Hafer | 30/31 | 6–12 | 26–140 | 4,3–15 | 17–65 | 50–150 | 0,15–0,45 |

**Stadien der Probenahme nach Dezimalcode**

30/31 Getreide: Schossbeginn, Abheben des 1. Knotens, 0,5–1,0 cm Länge des untersten Internodiums

39/41 Getreide: Blatthäutchen des Fahnenblattes gerade sichtbar, Fahnenblatt voll entwickelt

**Tabelle 20:** Hackfrüchte.

| Kultur | Stadium | N % TS | Ca % TS | P % TS | K % TS | Mg % TS | S % TS |
|---|---|---|---|---|---|---|---|
| Zuckerrüben | 1) | 4,5–6,0 | 0,7–2,0 | 0,35–0,65 | 3,7–6,8 | 0,33–1,10 | 0,3–0,5 |
| Kartoffeln | 2) | 4,5–6,0 | 1,0–2,0 | 0,30–0,61 | 4,0–6,4 | 0,24–0,60 | 0,33–0,53 |
| Wi.-Raps | 5) | 4,0–5,5 | 1,0–2,0 | 0,35–0,70 | 2,8–5,0 | 0,25–0,40 | 0,3–0,47 |
| Mais | 40–60 cm | 3,5–5,0 | 0,3–1,0 | 0,35–0,60 | 3,0–4,5 | 0,25–0,50 | 0,45–0,90 |
| Mais | Fahnenschieben | 3,3–4,0 | 0,25–0,80 | 0,22–0,40 | 2,5–4,5 | 0,16–0,50 | 0,35 |
| Ackerbohne | 3) | 2,8–4,5 | 0,5–2,0 | 0,2–0,45 | 2,1–3,6 | 0,2–0,5 | 0,3–0,6 |
| Erbse | 3) | 2,6–4,2 | 0,5–2,0 | 0,2–0,39 | 1,6–3,4 | 0,15–0,3 | 0,5–0,87 |
| Soja | 4) | 4,5–5,5 | 0,6–1,5 | 0,35–0,60 | 2,5–3,7 | 0,3–0,7 | 0,5–0,6 |

| Kultur | Stadium | B ppm | Mn ppm | Cu ppm | Zn ppm | Fe ppm | Mo ppm |
|---|---|---|---|---|---|---|---|
| Zuckerrüben | 1) | 28–90 | 42–200 | 5,7–17,5 | 27–80 | 50–150 | 0,17–1,5 |
| Kartoffeln | 2) | 25–70 | 35–200 | 7–15 | 20–80 | > 150 | 0,20–0,50 |
| Wi.-Raps | 5) | 30–60 | 30–150 | 5 –12 | 25–70 | 50–150 | 0,4–1,0 |
| Mais | 40–60 cm | 7–15 | 40–100 | 7–15 | 30–70 | 50–150 | 0,2–0,5 |
| Mais | Fahnenschieben | 15–90 | 35–150 | 5,2–16,5 | 22–70 | 50–150 | 0,15–0,20 |
| Ackerbohne | 3) | 30–80 | 40–100 | 7–15 | 30–70 | 50–150 | 0,4–1,0 |
| Erbse | 3) | 16–30 | 24–72 | 4,6–9,0 | 22–55 | 50–150 | 0,4–1,0 |
| Soja | 4) | 25–60 | 30–100 | 10–20 | 25–60 | 50–150 | 0,5–1,0 |

**Stadien der Probenahme**

1) Zuckerrübe: mittlere Blätter Juni/Juli, 50–60 Tage nach dem Auflaufen
2) Kartoffeln: gerade voll entwickelte Blätter zu Blühbeginn
3) Ackerbohne und Erbse: obere voll entwickelte Blätter zu Blühbeginn
4) Sojabohne: obere voll entwickelte Blätter ohne Blattstiel zum Blühende
5) Raps: Stadium Kleinknospe, Hauptinfloreszenz bereits vorhanden, von den obersten Blättern noch dicht umschlossen

**Tabelle 21:** Futterkulturen.

| Kultur | Stadium | N % TS | Ca % TS | P % TS | K % TS | Mg % TS | S % TS |
|---|---|---|---|---|---|---|---|
| Wiesengras | 1) | 2,6–4,0 | 0,6–1,2 | 0,35–0,6 | 2,0–3,0 | 0,2–0,6 | > 0,30 |
| Feldgras | 1) | 2,6–3,8 | 0,6–1,2 | 0,3–0,5 | 2,1–3,5 | 0,15–0,5 | > 0,30 |
| Weidelgras | 2) | 3,0–4,2 | 0,6–1,2 | 0,35–0,5 | 2,5–3,5 | 0,2–0,5 | > 0,30 |
| Rotklee | 2) | 2,5–4,0 | 1,0–2,0 | 0,30–0,60 | 1,8–3,0 | 0,25–0,6 | 0,5–0,6 |
| Luzerne | 3) | 3,2–4,5 | 1,0–2,5 | 0,3–0,65 | 2,0–4,0 | 0,25–0,9 | 0,5–0,6 |

| Kultur | Stadium EC | B ppm | Mn ppm | Cu ppm | Zn ppm | Fe ppm | Mo ppm |
|---|---|---|---|---|---|---|---|
| Wiesengras | 1) | 6–12 | 35–100 | 5–12 | 20–70 | 50–150 | 0,15–0,50 |
| Feldgras | 1) | 6–12 | 35–100 | 6–12 | 20–50 | 50–150 | 0,15–0,50 |
| Weidelgras | 2) | 6–12 | 40–100 | 6–12 | 20–50 | 50–150 | 0,15–0,50 |
| Rotklee | 2) | 25–60 | 35–100 | 7–15 | 25–70 | 50–150 | 0,30–1,50 |
| Luzerne | 3) | 30–80 | 35–150 | 7–20 | 25–70 | 50–150 | 0,35–1,4 |

**Stadien der Probenahme**

1) Wiesengras: oberirdische Pflanze zu Blühbeginn 1. Schnitt
2) Weidelgras und Rotklee: oberirdische Pflanze ab etwa 5 cm über dem Boden zu Blühbeginn
3) Oberer Sprossteil (etwa 15 cm) zu Blühbeginn

**Tabelle 22:** Dauerkulturen.

| Kultur | Stadium | N % TS | Ca % TS | P % TS | K % TS | Mg % TS | S % TS |
|---|---|---|---|---|---|---|---|
| Apfel | 1) | 2,2–2,8 | 1,3–2,2 | 0,18–0,30 | 1,1–1,5 | 0,2–0,35 | ca. 0,25 |
| Weinrebe | 2) | 2,3–2,8 | 1,5–2,5 | 0,25–0,45 | 1,2–1,6 | 0,25–0,6 | ca. 0,25 |
| Hopfen | 3) | 2,5–3,5 | 1,0–2,5 | 0,35–0,60 | 2,8–3,5 | 0,3–0,6 | ca. 0,30 |

| Kultur | Stadium | B ppm | Mn ppm | Cu ppm | Zn ppm | Fe ppm | Mo ppm |
|---|---|---|---|---|---|---|---|
| Apfel | 1) | 25–50 | 35–100 | 5–12 | 15/20–50 | | 0,1–0,3 |
| Weinrebe | 2) | 30–60 | 30–100 | 6–12 | 20/25–70 | | 0,15–0,5 |
| Hopfen | 3) | 25–70 | 30–100 | 6–12 | 35–80 | | 0,3–0,5 |

**Stadien der Probenahme**

1) Mittlere Blätter einjähriger Triebe Juli/August
2) Blätter gegenüber Gescheine zur Blüte
3) Gerade voll entwickelte Blätter zur Vegetationsmitte

**Nährstoffverhältnisse in Kern- und Steinobstarten**

N:P = > 15 N-Überschuss
K:Mg = > 8 Mg-Mangel
K:Mg = < 3 Mg-Mangel
K:Ca = > 1,2 Ca-Mangel

**Nährstoffverhältnisse in Reben**

K:Mg = < 6 ist der Normalbereich
P:Zn = 150–190 ist der Normalbereich

**Tabelle 23:** Gemüse.

| Kultur | Stadium | N % TS | Ca % TS | P % TS | K % TS | Mg % TS | S % TS |
|---|---|---|---|---|---|---|---|
| Möhre | 1) | 2,0–3,5 | 1,2–2,0 | 0,3–0,5 | 2,7–4,0 | | 0,27 |
| Spargel | 2) | 2,4–3,8 | 0,4–0,8 | 0,3–0,5 | 1,5–2,4 | 0,15–0,3 | 0,30 |
| Tomate, Blatt | 3) | 4,0–5,5 | 3,0–4,0 | 0,40–0,65 | 3,0–6,0 | 0,35–0,8 | 0,45 |
| Gurke, Blatt | 4) | 2,8–5,0 | 5,0–9,0 | 0,3–0,6 | 2,5–5,4 | 0,50–1,0 | 0,4–0,7 |
| Gurke, Frucht | | 2,4–4,0 | 0,7–1,1 | 0,5–0,9 | 4,0–7,0 | 0,3–0,6 | 0,3 |

| Kultur | Stadium | B ppm | Mn ppm | Cu ppm | Zn ppm | Fe ppm | Mo ppm |
|---|---|---|---|---|---|---|---|
| Möhre | 1) | 30–80 | 50–120 | | | | 0,5–1,5 |
| Spargel | 2) | 40–100 | 25–100 | 6–12 | 20–60 | | 0,15–0,5 |
| Tomate, Blatt | 3) | 40–80 | 40–100 | 6–12 | 30–80 | | 0,3–1,0 |
| Gurke, Blatt | 4) | 40–80 | 60–120 | 7–15 | 35–80 | | 0,8–2,0 |
| Gurke, Frucht | | 25–40 | 30–50 | 6–15 | 30–80 | | 0,5–1,0 |

**Stadien der Probenahme**

1) Möhre: Laub zur Wachstumsmitte etwa 3 cm über dem Boden
2) Spargel: ausgewachsene Blattwedel bei 45–90 cm Wuchshöhe
3) Tomate: obere voll entwickelte Blätter zum ersten Fruchtansatz
4) Gurke: mittlere voll entwickelte Blätter zur Blüte bis Fruchtentwicklung

Hohe bis sehr hohe Mg-Gehalte im verzehrbaren Anteil von Gemüsepflanzen sind ein wesentlicher Qualitätsfaktor.

## Nährstoffverhältnisse in der Trockensubstanz von Pflanzen

### Orientierungswerte für Nährstoffverhältnisse in der Trockensubstanz im Durchschnitt der Kulturen (nach Bergmann 1993, Seite 38 f.)

1) N:S = 12-14:1
2) N:K = 1,2:1
3) N:P = 10:1
4) N:Zn = 1000:1

5) Ca:Mg = 2,6:1
6) Ca:K = 1:3,3 (Ackerbaukulturen)
7) Ca:B = 300:1

8) K:P = 8,5:1
9) P:Zn = 100:1

Stickstoff aus Futteranalysen errechnet man: %RP:6,25 = %N in der TS

# SERVICE

## Bezugsquellen

Fräsen unterschiedlicher Breite mit den wirksamen Messern: Vortex Energie GmbH, Oberhub 9, A-4083 Haibach ob der Donau. www.ackerfräse.at

Komposttee-Maschinen unterschiedlicher Größe: ebenfalls Vortex Energie GmbH, Oberhub 9, A-4083 Haibach ob der Donau. www.komposttee.at

Fermentprodukte für die Regenerative Landwirtschaft: Christoph Fischer GmbH, Högeringer Straße 25, D-83071 Stephanskirchen/Högering. www.em-chiemgau.de

Mineralische Stoffe für die Regenerative Landwirtschaft und Dosiertechnik-Nachrüstsatz: Friedrich Wenz GmbH, Brückenweg 12A, D-77963 Schwanau. www.humusfarming.de

Unterbodenlockerer im Design für die Regenerative Landwirtschaft und Nachrüstdüsen für Unterbodenlockerer: Kollitsch GmbH, Bornaische Str. 209, D-04279 Leipzig. www.kollitsch-gmbh.com

Saatgut für die Regenerative Landwirtschaft: CAMENA, Coppenbrügger Landstraße 58, D-31867 Lauenau. www.camena-samen.de

Saatgut für die Regenerative Landwirtschaft in der Schweiz: Sativa Rheinau AG -Landwirtschaftliches Saatgut- Klosterplatz 1, CH-8462 Rheinau www.sativa-rheinau.ch

Saatgut für die Regenerative Landwirtschaft für Betriebe, die nicht biozertifiziert sind: S.G.L. GmbH, Siedlerweg 21, D-50374 Erftstadt-Gymnich. www.sgl-gmbh.de

Geräte für die Blattsaftmessungen: Dr. Ingrid Hörner, Brügelfelder Hof, D-65468 Trebur. www.diegrueneberatung.de

# Zum Weiterlesen

Chaboussou, F. (1996): Pflanzengesundheit und ihre Beeinträchtigung. Stiftung Ökologie und Landbau, Bad Dürkheim. ISBN: 3-7880-9891-0

Henning, E. (2002): Geheimnisse fruchtbarer Böden. 4. Auflage, Organischer Landbau Verlag Kurt Walter Lau, Kevelaer. ISBN: 3-922201-09-1

Kinsey, N. (2019): Hands-on agronomy. Deutsche Ausgabe. 4. Auflage, Bayer Handelsvertretung York-Th. Bayer, Berlin. ISBN: 978-3-00-048123-9

Lawrence/Wade/Huber (2007): Mineral Nutrition and Plant Disease. The American Phytopathological Society, St. Paul, Minnesota. ISBN: 978-0-89054-346-7

Petersen, A. (1992): Schultz-Lupitz und sein Vermächtnis (SÖL Sonderausgabe). Stiftung Ökologie und Landbau, Bad Dürkheim. ISBN: 978-3-926104-38-0

Sekera, M. (2012): Gesunder und kranker Boden. 6. Auflage, Organischer Landbau Verlag Kurt Walter Lau, Kevelaer. ISBN: 978-3-922201-84-7

Elaine Ingham: www.soilfoodweb.com

Christine Jones: www.amazingcarbon.com

John Kempf: www.advancingecoag.com

# Literaturverzeichnis

Andersen, A. (1992): Science in Agriculture: Advanced Methods for Sustainable Farming. Verlag Acres USA.

Astera, M. (2010): The Ideal Soil: A Handbook for The New Agriculture, www.SoilMinerals.com.

Bergmann, W. (1993): Ernährungsstörungen bei Kulturpflanzen. 3. Auflage. Gustav Fischer Verlag, Jena Stuttgart.

Bloem, E./Haneklaus, S./Schnug, E. (2007): Schwefel-induzierte Resistenz (SIR) – Schwefeldüngung als nachhaltige Strategie zur Gesunderhaltung von Pflanzen. Journal für Verbraucherschutz und Lebensmittelsicherheit 2, 7–12.

Brunetti, J./Kinsey, N. (2011): Schwarzes Gold - Das bleibende Erbe der Zersetzung, in: ACRES USA April 2011.

Chemnitz, Ch./Weigelt, J. (2015): Bodenatlas – Daten und Fakten über Acker, Land und Erde. Heinrich-Böll-Stiftung, Institute for Advanced Sustainability Studies, Bund für Umwelt- und Naturschutz Deutschland und Le Monde diplomatique.

Costa, J. M./Grant, O. M./Chaves, M. M. (2013): Thermography to explore plant – environment interactions. Journal of Experimental Botany 64, 13, 3937–3949.

Ehrenberg, P. (1919): Neue Ratschläge zur Vermeidung von Misserfolgen bei der Kalkdüngung. Gleichzeitig ein Versuch zur Aufklärung der nachteiligen Wirkung größerer Kalkgaben auf das Pflanzenwachstum. Verlagsbuchhandlung Paul Parey, Berlin. Zugleich in: Landwirtschaftliche Jahrbücher (1920) 54, 1–159.

Habermehl, G./Hammann, P. E./Krebs, H. C. (2002): Naturstoffchemie. Eine Einführung. 2. Auflage. Springer, Berlin.

Herold, A. (1980): Regulation of photosynthesis by sink activity – the missing link. New Phytologist 86, 2, 131–144.

Hörner, I. (2016): Gemüse 3_2016, Sonderteil Bewässerung und Düngung: Brix-Messungen, eine Basis für Regenerative Landwirtschaft. Deutscher Landwirtschaftsverlag GmbH, Hannover.

Hoffmann, M./Staller, B./Wolf, G. (2007): Lebensmittelqualität und Gesundheit: Bio-Testmethoden und Produkte auf dem Prüfstand. Verlag Baerens & Fuss, Schwerin.

Ingham, E. R. (1999): The Soil Food Web. Internetveröffentlichung in: www.nrcs.usda.gov/wps/portal/nrcs/main/soils/health/biology (abgerufen am 17.12.2019).

Ingham, E.R. (2000): The Compost Tea Brewing Manual. Soil Foodweb Incorporated, Corvallis, Oregon (Sustainable Studies Institute, Eugene, OR).

Jones, C. (2015): SOS: Save our Soils. Dr. Christine Jones Explains the Life-Giving Link Between Carbon and Healthy Topsoil. Verlag Acres USA, Vol. 45, No. 3.

Jones, C. (2017): Farming Profitably Within Environmental Limits. Internet-Veröffentlichung in: http://pureadvantage.org/news/2017/05/18/farming-profitably-within-environmental-limits/ Farming Profitably (abgerufen am 10.01.2020).

Kempf, J. (2018): Internet-Veröffentlichung in: https://www.advancingecoag.com/ (abgerufen am 10.01.2020).

Klapp, E. (1954): Lehrbuch des Acker- und Pflanzenbaues. 4. Auflage. Verlag Paul Parey Berlin und Hamburg.

Kinsey, Neal. (2014): Neal Kinseys Hands-on Agronomy. ISBN 978-3-00-048123-9 Bayer Handelsvertretung York-Th. Bayer, Berlin.

Klüpfel, L./Piepenbrock, A./Kappler, A./Sander, M. (2014): Humic substances as fully regenerable electron acceptors in recurrently anoxic environments. Nature Geoscience 7, 195–200.

Kutschera, L./Lichtenegger, E./Sobotik, M. (2009): Wurzelatlas der Kulturpflanzen gemäßigter Gebiete mit Arten des Feldgemüsebaues. DLG-Verlags-GmbH Frankfurt am Main.

Loew, O. (1909): Grundsätze bei Düngung mit Kalk und Magnesia. Prakt. Blätter für Pflanzenbau und Pflanzenschutz VII, 77.

Machado, P. L./Gerzabek, M. H. (1991): Über den Einfluß der organischen Substanz auf die Aluminiumtoxizität bei Mais (*Zea mays* L.). Die Bodenkultur: Journal of Land Management, Food and Environment 42, 4.

Margulis, L. (2017): Der symbiotische Planet oder wie oder wie die Evolution wirklich verlief. Westend Verlag GmbH, Frankfurt/Main.

McCaman, J. L. (2013): When weeds talk. Midwest Organic & Sustainable Education Service (MOSES) PO Box 339, Spring Valley, WI.

Mengel, K. (1963, 1983): Ernährung und Stoffwechsel der Pflanze. Gustav Fischer Verlag, Jena und Stuttgart.

Phelan, P. L./Norris, K. H./Mason, J. F. (1996): Soil-Management History and Host Preference by *Ostrinia nubilalis*: Evidence for Plant Mineral Balance Mediating Insect-Plant Interactions. Environmental Entomology 25, 6, 1329–1336.

Prjanischnikow, D. N., bearbeitet von Roemer T. und Könnecke, G. (1952): Der Stickstoff im Leben der Pflanzen und im Ackerbau der UdSSR. Akademie-Verlag Berlin.

Reams, C. (1935): Brixwerte, Brixmessung am Pflanzensaft mit einem Refraktometer. Internet-Veröffentlichung in: www.bionutrient.org/site/bionutrient-rich-food/brix (abgerufen am 17.12.2019).

Schopfer, P./Brennicke, A. (2016): Pflanzenphysiologie. Verlag Springer Spektrum, Heidelberg.

Schulze, E. D./Luyssaert, S./Ciais, P./Freibauer, A./Janssens, I. A. et al. (2009): Intensive Landwirtschaft verschlechtert Klimabilanz. Pressemitteilung der Max-Planck-Gesellschaft, www.mpg.de/576213/pressemitteilung20091123 (abgerufen am 16.03.2020). Originalveröffentlichung: Importance of methane and nitrous oxide for Europe's terrestrial greenhouse-gas balance. Nature Geoscience, 22. November 2009.

Stahr, K./Kandeler, E./Herrmann, L./Streck, T. (2016): Bodenkunde und Standortlehre. 3. Auflage. Verlag Eugen Ulmer, Stuttgart.

Strauss, J. (2017): Pilze als Nitrat-Speicher im Boden. Vortrag auf den Humustagen der Ökoregion Kaindorf 2017. AIT AUSTRIAN INSTITUTE OF TECHNOLOGY GMBH, Wien.

Thaer, A. (1810): Grundsätze der rationellen Landwirtschaft. Dritter Band. Realschulbuchhandlung Berlin. Nachdruck (2011): Fördergesellschaft Albrecht Daniel Thaer, Möglin.

Wright, S. F./Nichols, K. A. (2002): Glomalin: Hiding Place for a Third of the World's Stored Soil Carbon. Agricultural Research Magazine, September 2002, Washington DC.

Witte, W. (2012): Die Microbielle Carbonisierung, Teil 1. Eigenverlag.

# Bildquellen

Titelbild: Dietmar Näser

Bannach, Werner, Institut für Agrar- und Umweltanalytik: Abb. 93

BOKU Tulln: Abb. 100

Dauner, Manuel: Abb. 59

Dr. William A. Albrecht/CCO, https://commons.wikipedia.org/wiki/File:Dr._William_Albrecht.jpg: Abb. 7

Fischer, Christoph: Abb. 60

Höcht, Marion: Abb. 107

Hörner, Dr. Ingrid: Abb. 53

Kohl, Lucas: Abb. 8, 9, 12–13, Vorlage Abb. 14

Kollitsch, Barbara: Abb. 21, 27

Näser, Dietmar: Abb. 1–6, 10, 11, 15–20, 22–26, 28–37, 39, 40, 42–44, 47–52, 54a, 54b, 55–58, 61–65, 70, 71, 73–77, 79–92, 101–105, 108, 109–112

researcher97/Shutterstock.com: Abb. 97

Ruch, Wolfgang: Abb. 45, 46

Weißhäupl, Gerhard: Abb. 38, 41

Wenz, Friedrich: Abb. 72, 78

Die Zeichnungen 14, 66–69, 90, 94–96, 98, 99 und 106 fertigte Helmuth Flubacher, Stuttgart, nach Vorlagen des Autors.

# Register

# Vorstellung des Autors

Dietmar Näser ist in einer leidenschaftlichen Gärtnerfamilie aufgewachsen. Kindheit und Jugend fanden zwischen Zierpflanzen-Anzuchtbeeten eines bekannten Potsdamer Staudenzüchters statt. Sein beruflicher Werdegang führte ihn in die DDR-Landwirtschaft der 70er Jahre, als die großen landwirtschaftlichen Produktionsgenossenschaften gebildet wurden. Sein Studium absolvierte er in Halle, in der Nähe der Wirkungsstätte von Julius Kühn, einem der größten deutschen Agrarwissenschaftler des 19. Jahrhunderts. Seine praktische Erfahrung als Agraringenieur erwarb er in einem der großen Agrarbetriebe der DDR. Dort war er als Agronom acht Jahre tätig, zuständig für Pflanzenschutz und Düngung in Ackerbau- und Futterkulturen.

Mit 40 Jahren machte er sich selbstständig, um Pflanzenbauberatung anzubieten. Das Interesse für Bodenfruchtbarkeit und für Pflanzenkrankheiten begleitete ihn ständig. Mit der Zeit reifte der Gedanke, dass Ertragsbildung, aber auch Widerstandsfähigkeit gegenüber Pflanzenkrankheiten, von biogenen Prozessen im Boden abhängig sind. Das führte zu immer intensiverer Beschäftigung mit den Grundlagen der Bodenfruchtbarkeit und des Bodenlebens. Internationale Autoren, aber auch der ständige Kontakt mit der Praxis, brachten entscheidende Inspirationen.

Heute ist er ein bekannter „Bodencoach“, und entwickelt mit Beraterkollegen und Praktikern die Boden belebende, regenerative Landbewirtschaftung unter den Bedingungen der deutschen und mitteleuropäischen Landwirtschaft.

Seine Vision leitet ihn: Das Bodenleben an den Pflanzenwurzeln und die Pflanzenphysiologie zur alltäglichen Praxis werden lassen. Das ist ganz im Sinne Julius Kühns, der landwirtschaftliche Wissenschaften als angewandte Naturwissenschaft im Sinne der Physiologie und Biologie der Kulturpflanze lehrte.

# Impressum

Die in diesem Buch enthaltenen Empfehlungen und Angaben sind vom Autor mit größter Sorgfalt zusammengestellt und geprüft worden. Eine Garantie für die Richtigkeit der Angaben kann aber nicht gegeben werden.
Die Beiträge in diesem Buch geben ausschließlich die Erfahrungswerte und Meinungen des Autors wieder. Weder der Autor noch der Verlag können für eventuelle Nachteile oder Schäden und Unfälle, die aus den im Buch gegebenen praktischen Hinweisen resultieren, eine Haftung übernehmen.

**Anmerkung zur Schreibweise (Gendering) der weiblichen, männlichen und unbestimmten Form:** Ausschließlich aufgrund der deutlich besseren Lesbarkeit wird in diesem Werk auf die jeweilige Mehrfachnennung oder Anpassung der Schreibweise bestimmter Bezeichnungen verzichtet.

**Bibliografische Information der Deutschen Nationalbibliothek**
Die Deutsche Nationalbibliothek verzeichnet diese Publikation in der Deutschen Nationalbibliografie; detaillierte bibliografische Daten sind im Internet über http://dnb.d-nb.de abrufbar.


Wollgrasweg 41, 70599 Stuttgart (Hohenheim)
E-Mail: info@ulmer.de
Internet: ulmer.de
Projektleitung: Pia Fehrenbach
Lektorat: Anja Flehmig
Herstellung: Stephanie Haun
Umschlaggestaltung: Verlag Eugen Ulmer
Satz: Fotosatz Buck, Kumhausen
Reproduktion: time:ray, Jettingen
Druck und Bindung: Pustet, Regensburg
Printed in Germany

**ISBN 978-3-8186-1366-2**

# HIER KÖNNEN SIE WEITERLESEN:

**Bodenkunde und Standortlehre.**
K. Stahr, E. Kandeler, L. Herrmann, T. Streck. 4. vollst. überarb. Aufl. 2020. 327 Seiten, 147 Abbildungen, 42 Tabellen, kart. ISBN 978-3-8252-5345-5.

Die Böden sind die Haut der Erde und sehr komplexe Umweltsysteme: Sie haben Beziehungen zur Atmosphäre, Hydrosphäre, Lithosphäre und ganz besonders zur Biosphäre. Ohne Böden wären die Pflanzenproduktion und die Ernährung der Weltbevölkerung nicht möglich, und auch die Versorgung mit Trinkwasser hängt stark von der Filterwirkung der Böden ab. Böden übernehmen auch wichtige Funktionen im Umfeld von Stadt und Land.

Die 4., überarbeitete Auflage erscheint im größeren Format, farbige Abbildungen wurden ergänzt und neue Entwicklungen aufgenommen. Das bewährte didaktische Konzept wurde beibehalten, wobei die systematische Bodenkunde den Rahmen bildet.